安徽省高等学校省级规划教材

C 语言程序设计

主　编　陈国龙　董全德

副主编　徐　旭　于子甲

浮盼盼

中国科学技术大学出版社

内 容 简 介

"C语言程序设计"是高等院校计算机专业和其他理工类各专业重要的基础课程之一,同时也是全国计算机等级考试、省级计算机等级考试和全国计算机应用技术证书考试等的重要考试科目。

全书共11章,主要内容包括:C语言基础、C语言的数据类型、顺序结构程序设计、选择结构程序设计、循环结构程序设计、数组、函数、编译预处理、指针、结构体与共用体和文件操作等。

图书在版编目(CIP)数据

C语言程序设计/陈国龙,董全德主编. —合肥:中国科学技术大学出版社,2016.12
ISBN 978-7-312-04029-0

Ⅰ.C… Ⅱ.①陈… ②董… Ⅲ.C语言—程序设计—高等学校—教材 Ⅳ.TP312

中国版本图书馆 CIP 数据核字(2016)第 160804 号

出版	中国科学技术大学出版社
	安徽省合肥市金寨路 96 号,230026
	http://press.ustc.edu.cn
印刷	合肥市宏基印刷有限公司
发行	中国科学技术大学出版社
经销	全国新华书店
开本	787 mm×1092 mm 1/16
印张	18.5
字数	450 千
版次	2016 年 12 月第 1 版
印次	2016 年 12 月第 1 次印刷
定价	38.00 元

前　言

　　"C语言程序设计"是高等院校计算机专业及其他理工类各专业重要的基础课程之一,其目的是培养学生结构化程序设计的能力,使学生掌握程序设计的基本方法。C语言的主要特点是功能丰富,它结合了高级语言的基本结构、基本语句和低级语言的实用性,程序生成代码质量高、执行效率高、可移植性好。在结合硬件操作的系统软件开发方面,C语言明显优于其他高级语言。

　　"C语言程序设计"是计算机应用能力培养的重要基础课程之一,也是全国计算机等级考试、省级计算机等级考试、全国计算机应用技术证书考试等的重要考试科目,本书主要参考《计算机等级考试大纲》进行编写。

　　本书的作者都是工作在高校计算机专业的一线教师,他们根据多年从事C语言程序设计的教学实践经验,结合C语言语法特点和程序设计基本方法、基本技巧编写了本书。

　　本书主要有以下特点:

　　(1) 章节编排充分考虑初学者的特点和学习规律,力求层次分明、循序渐进,以C语言知识结构贯穿整本教材,坚持基本理论知识适中、重点突出。书中文字表述深入浅出,通俗易懂,能满足各层次高校对C语言的教学需求。

　　(2) 注重理论联系实际,每章节开始给出学习目标和重要知识点,内容中通过例题对关键知识点进行详细说明。例题程序由浅入深,结合编程技巧对编程能力和调试能力进行训练。

　　(3) 严格遵守 ANSI C 的语法,教材例题都在 Microsoft Visual C++ 6.0 集成开发环境下编译通过。

　　本书由宿州学院陈国龙、董全德任主编,徐旭、于子甲、浮盼盼任副主编。具体编写分工如下:陈国龙负责整本书的策划统筹以及章节安排,徐旭编写第1、2章,于子甲编写第3、4、5章,浮盼盼编写第6、7、8章,董全德编写第9、10、11章。

　　由于编写时间限制,书中难免存在一些错误和疏漏之处,敬请广大读者批评指正。

编　者

2016 年 5 月于宿州学院

目　　录

第1章 初识C语言

【内容概述】

C语言是一种通用的、面向过程的编程语言,它具有高效、灵活、可移植等优点。在最近20年里,它是使用最为广泛的编程语言之一,被大量运用在系统软件与应用软件的开发中。本章作为整本书的第1章,将针对C语言的发展历史、开发环境、如何编写C语言程序等内容进行详细的讲解。

【学习目标】

通过本章的学习,理解C语言程序的构成、C语言的词法规定和书写规范,掌握C程序的上机步骤和C程序的运行环境。

1.1 C语言概述

1.1.1 计算机语言发展史

在揭开C语言的神秘面纱之前,先来认识一下什么是计算机语言。计算机语言(Computer Language)是人与计算机之间通信的语言,它主要由一些指令组成,这些指令包括数字、符号和语法等内容,编程人员可以通过这些指令来指挥计算机进行各种工作。

计算机语言有很多种类,根据功能和实现方式的不同大致可分为三大类,即机器语言、汇编语言和高级语言,下面针对这三类语言的特点进行简单介绍。

1. 机器语言

最初程序员使用的程序设计语言是一种用二进制代码"0"和"1"形式表示的、能被计算机直接识别和执行的语言,称为机器语言。机器语言是一种低级语言,用它编写的程序不便于记忆、阅读和书写,所以人们通常不用机器语言直接编写程序。

2. 汇编语言

人们很早就认识到这样一个事实,尽管机器语言对计算机来说很好懂也很好用,但是对于编程人员来说要记住由0和1组成的指令简直就是煎熬。为了解决这个问题,在机器语言的基础上,设计出了汇编语言,它可以将机器语言用便于人们记忆和阅读的助记符表示,如add、sub、mov等。计算机运行汇编语言程序时,首先将用助记符写成的源程序转换成机器语言程序才能运行。汇编语言适用于编写直接控制机器操作的低层程序,它与机器密切相关,汇编语言和机器语言都是面向机器的程序设计语言,统称为低级语言。

3. 高级语言

由于汇编语言依赖于硬件,用其编写的程序可移植性差,而且编程人员在使用新的计算机时还需要学习新的汇编指令,大大增加了编程人员的工作量,因此计算机高级语言诞生了。它是一种与硬件结构及指令系统无关，表达方式比较接近自然语言和数学表达式的计算机程序设计语言。

1.1.2　什么是 C 语言

C 语言是一种具有很高灵活性的高级程序设计语言。1972 年至 1973 年间，贝尔实验室的 D. M. Ritchie 在 B 语言的基础上设计出了 C 语言，后来 C 语言又做了多次改进。早期的 C 语言主要用于 UNIX 系统。由于 C 语言的强大功能和各方面的优点逐渐为人们所认识，到了 20 世纪 80 年代，C 语言开始进入其他操作系统，并很快在各类大、中、小和微型计算机上得到了广泛的使用，成为当前最优秀的程序设计语言之一。

C 语言是一种结构化语言。它层次清晰，便于按模块化方式组织程序，易于调试和维护。C 语言的表现能力和处理能力极强，它不仅具有丰富的运算符和数据类型，便于实现各类复杂的数据结构，还可以直接访问内存的物理地址，进行位（bit）一级的操作。由于 C 语言实现了对硬件的编程操作，因此 C 语言集高级语言和低级语言的功能于一体，既可用于系统软件的开发，也适合于应用软件的开发。此外，C 语言还具有效率高、可移植性强等特点。

1.1.3　C 语言的特点

C 语言是一种通用的、面向过程的程序语言，它的诸多特点使它应用面很广，下面就简单介绍有关 C 语言的特点。

1. 简洁紧凑、灵活方便

C 语言一共只有 32 个关键字、9 种控制语句，程序书写自由，主要用小写字母表示。它把高级语言的基本结构和语句与低级语言的实用性结合起来。C 语言可以像汇编语言一样对位、字节和地址进行操作，而这三者都是计算机最基本的工作单元。

2. 运算符丰富

C 语言的运算符包含范围很广，共有 9 种 34 个运算符。C 语言把括号、赋值、强制类型转换等都作为运算符处理，从而使 C 的运算类型及表达式类型多样化。灵活使用各种运算符可以实现其他高级语言难以实现的运算。

3. 数据结构丰富

C 语言的数据类型有：整型、实型、字符型、数组类型、指针类型、结构体类型、共用体类型等，能用来实现各种复杂的数据类型的运算，并且引入了指针概念，使程序执行效率更高。C 语言还具有强大的图形功能，支持多种显示器和驱动器，且计算功能、逻辑判断功能强大。

4. C 语言是结构式语言

结构式语言的显著特点是代码及数据的分隔化，即程序的各个部分除了必要的信息交流外彼此独立。这种结构化方式可使程序层次清晰，便于使用、维护以及调试。C 语言是以函数形式提供给用户的，这些函数可方便地调用，并具有多种循环、条件语句控制程序流向，从而使程序完全结构化。

5. C 语言语法要求宽松,程序设计自由度大

一般的高级语言语法检查比较严,而 C 语言允许程序编写者有较大的自由度。

6. C 语言允许直接访问物理地址,可以直接对硬件进行操作

C 语言既具有高级语言的功能,又具有低级语言的许多功能,能够像汇编语言一样对位、字节和地址进行操作,而这三者是计算机最基本的工作单元,可以用来编写系统软件。

7. C 语言程序生成代码质量高,程序执行效率高

众所周知,汇编语言程序目标代码是效率最高的,而 C 语言一般只比汇编程序生成的目标代码效率低 10%～20%。

尽管 C 语言具有许多的优点,但和其他任何一种程序设计语言一样,也有其自身的缺点,如编写代码实现周期长,过于自由,经验不足容易出错,对平台库依赖较多。但总的来说,C 语言的优点远远超过了它的缺点。

1.1.4　C 语言的发展趋势

随着信息化、智能化、网络化以及嵌入式系统技术的发展,C 语言的地位也会越来越高。C 语言还将在云计算、物联网、移动互联、智能家居、虚拟世界等未来信息技术中发挥重要作用。因此,学好 C 语言是很有必要的,掌握好 C 语言的编程知识,也是求职拿高薪的敲门砖。掌握了 C 语言后,很容易学习其他编程语言,学习 C++、Java、PHP 等将事半功倍,因为这些语言只是语法上有些许更改,而思想却没有改变。

1.2　简单的 C 程序介绍

1.2.1　简单的 C 程序实例

用 C 语言语句编写的程序称为 C 程序或 C 源程序。下面先介绍两个简单的 C 程序,在 Visual C++ 6.0 环境下编译通过,从中可以分析出 C 程序的特性。

【例 1.1】用 C 语言编写一个程序,输出"你好,欢迎使用 C 语言!"。

源程序:

```
/* ex1_1.c:输出欢迎使用 C 语言! */
#include <stdio.h>
int main()              /*定义主函数*/
{
    return 0;printf("你好,欢迎使用 C 语言! \n");       /*输出欢迎使用 C 语
                                                      言! */
}
```

运行结果:

你好,欢迎使用 C 语言!

程序说明：

① 程序中的 main() 代表一个函数，其中 main 是函数名，int 表示该函数的返回值类型。main() 是一个 C 程序中的主函数，程序执行从主函数开始。一个 C 程序，有且只能有一个主函数 main()。一个 C 语言的程序可以包含多个文件，每个文件又可以包含多个函数。函数之间是相互平行、相互独立的。执行程序时，系统先从主函数开始运行，其他函数只能被主函数调用或通过主函数调用的函数调用。

② 函数体用 {} 括起来。main 函数中的所有操作语句都在这一对 {} 之间。即 main 函数中的所有操作都在 main 的函数体中。

③ ♯include ⟨stdio.h⟩ 是一条编译预处理命令，声明该程序要使用 stdio.h 文件中的内容，stdio.h 文件中包含了输入函数 scanf() 和输出函数 printf() 的定义。编译时系统将头文件 stdio.h 中的内容嵌入到程序中该命令位置。C 语言中编译预处理命令都以"♯"开头。C 语言提供了 3 类编译预处理命令：宏定义命令、文件包含命令和条件编译命令。例 1.1 中出现的 ♯include ⟨stdio.h⟩ 是文件包含命令，其中尖括号内是被包含的文件名。

④ printf 函数是一个由系统定义的标准函数，可在程序中直接调用，printf 函数的功能是把要输出的内容送到显示器上显示，双引号中的内容要原样输出。"\n"是换行符，即在输出完"你好，欢迎使用 C 语言!"后回车换行。

⑤ 每条语句用";"号结束。

⑥ / * …… * / 括起来的部分是一段注释，注释只是为了改善程序的可读性，是对程序中所需部分的说明，向用户提示或解释程序的意义。/ * 是注释的开始符号，* / 是注释的结束符号，必须成对使用。程序编译时，不对注释作任何处理。注释可出现在程序中的任何位置。

【例 1.2】输入两个正整数，计算并输出两数的和。

源程序：

```c
/ * ex1_2.c:求两个正整数的和 * /
♯include ⟨stdio.h⟩
int main()                /* 主函数 */
{
    int a,b,sum;          /* 定义三个整型变量 */
    printf("请输入两个正整数! \n");
    scanf("%d",&a);       /* 输入数据给变量 a */
    scanf("%d",&b);       /* 输入数据给变量 b */
    sum=a+b;              /* 变量 a 和变量 b 的值相加，然后将结果赋给变量
                             sum */
    printf("相加结果是%d\n",sum);        /* 输出变量 sum 的值 */
}
```

运行结果：

请输入两个正整数!

5 6

相加结果是 11

程序说明：

① "int a,b,sum;"是变量声明。声明了三个具有整数类型的变量 a,b,sum。C 语言的变量必须先声明后使用。

② 程序中的"scanf"表示输入函数,其作用是输入 a,b 的值。&a 和 &b 中的 & 的含义是取地址,此 scanf 函数的作用是将两个数值分别输入到变量 a 和 b 的地址所标志的内存单元中,也就是输入给变量 a 和 b。

③ "sum＝a＋b;"是将 a,b 两变量内容相加,然后将结果赋值给整型变量 sum。

④ "printf("相加结果是%d \n",sum);"是调用库函数 printf()输出 sum 的结果。"%d"为格式控制,表示 sum 的值以十进制整数的形式输出。

1.2.2　C 语言程序的构成和书写规则

1. C 语言程序的构成

（1）C 语言程序是由函数构成的,函数是 C 语言程序的基本单位。一个源程序至少包含一个 main 函数,即主函数,也可以包含一个 main 函数和若干个其他函数。被调用的函数可以是系统提供的库函数,也可以是用户根据需要自己设计编写的函数。

（2）main 函数是每个程序执行的起始点,一个 C 语言程序不管有多少个文件,有且只能有一个 main 函数。一个 C 语言程序总是从 main 函数开始执行,而不管 main 函数在程序中的位置。可以将 main 函数放在整个程序的最前面,也可以放在整个程序的最后,或者放在其他函数之间。

（3）源程序可以有预处理命令（include 是其中一种）,预处理命令通常放在源文件或源程序的最前面。

（4）每个语句都必须以分号结尾,但预处理命令、函数头和花括号"}"之后不加分号。

（5）标识符和关键字之间,至少加一个空格以示间隔,空格的数目不限。

（6）源程序中需要解释和说明的部分,可用"/ * …… * /"加以注释,注释是给程序阅读者看的。在机器编译和执行程序时,可忽略注释。

2. C 语言程序的书写规则

从书写清晰,便于阅读、理解、维护的角度出发,养成良好的编程风格,在书写程序时应遵循以下规则：

（1）在 C 语言程序中,虽然一行可写多个语句,一个语句也可占多行,但是为了便于阅读,建议一行只写一个语句。

（2）应该采用缩进格式书写程序,以便于增强层次感、可读性和清晰性。低一层次的语句或说明可比高一层次的语句或说明缩进若干格后书写。

（3）用{}括起来的部分,通常表示程序的某一层次结构。{}一般与该结构语句的第一个字母对齐,并单独占一行。

（4）为便于程序的阅读和理解,在程序代码中,应加上必要的注释。

1.3　C语言的字符集和关键字

1.3.1　C语言的字符集

程序是由命令、变量、表达式等构成的语句集合,而命令、变量等是由字符组成的,字符是组成语言的最基本的元素。任何一种语言都有其特定意义的字符集,C语言字符集由字母、数字、空白符、标点和特殊字符组成。在字符常量、字符串常量和注释中还可以使用汉字或其他图形符号。

1. 字母

英文字母分小写字母和大写字母,小写字母 a~z 共 26 个,大写字母 A~Z 共 26 个。

2. 数字

阿拉伯数字有 0~9 共 10 个。

3. 空白符

空格符、制表符、换行符等统称为空白符。空白符只在字符常量和字符串常量中起作用。在其他地方出现时,只起间隔作用,编译程序时对它们可以忽略不计。因此在程序中使用空白符与否,对程序的编译不发生影响,但在程序中适当的地方使用空白符将增加程序的清晰性和可读性。

4. 标点和特殊字符

标点和特殊字符包括"＋、－、＊、/"等运算符,"_、&、♯、!"等特殊字符以及逗号、圆点、花括号等常用标点符号和括号。

1.3.2　C语言的词汇

在字符集的基础上,C语言允许使用相关的词汇,以实现程序中的不同功能。在 C 语言中使用的词汇共分为六类:标识符,关键字,运算符,分隔符,常量,注释符。

1. 标识符

在程序中使用的变量名、函数名、标号等统称为标识符。除库函数的函数名由系统定义外,其余都由用户自定义。C语言规定,标识符只能是字母(a~z,A~Z)、数字(0~9)、下划线(_)组成的字符串,不能是 C 语言关键字,并且其第一个字符必须是字母或下划线。

以下标识符是合法的:

a, x,　x3, BOOK_1, sum5

以下标识符是非法的:

3a　　　　　以数字开头

S$T　　　　出现非法字符 $

－3x　　　　以减号开头

buy－1　　　出现非法字符－(减号)

在使用标识符时还必须注意以下几点：

（1）标准 C 语言不限制标识符的长度，但它受各种版本的 C 语言编译系统限制，同时也受到具体机器的限制。例如在某版本 C 语言中规定标识符前八位有效，当两个标识符前八位相同时，则被认为是同一个标识符。

（2）在标识符中，大小写是有区别的。例如 BOOK 和 book 是两个不同的标识符。

（3）标识符虽然可由程序员随意定义，但标识符是用于标识某个量的符号。因此，命名应尽量有相应的意义，以便于阅读理解，做到"顾名思义"。

2. 关键字

关键字是由 C 语言规定的具有特定意义的字符串，通常也称为保留字。用户定义的标识符不应与关键字相同。C 语言的关键字分为以下几类：

（1）类型说明符。用于定义、说明变量、函数或其他数据结构的类型。如前面例题中用到的 int，double 等。

（2）语句定义符。用于表示一个语句的功能。如以后要经常用到的 if else，就是条件语句的语句定义符。

（3）预处理命令字。用于表示一个预处理命令。如前面各例中用到的 include。

3. 运算符

C 语言中含有相当丰富的运算符。运算符与变量、函数一起组成表达式，表示各种运算功能。运算符由一个或多个字符组成。

4. 分隔符

在 C 语言中采用的分隔符有逗号和空格两种。逗号主要用在类型说明和函数参数表中，分隔各个变量。空格多用于语句各单词之间，作间隔符。在关键字，标识符之间必须要有一个以上的空格符作间隔，否则将会出现语法错误，例如把 int a;写成 inta;C 编译器会把 inta 当成一个标识符处理，其结果必然出错。

5. 常量

C 语言中使用的常量可分为数字常量、字符常量、字符串常量、符号常量、转义字符等多种。在后面章节中将专门给予介绍。

6. 注释符

C 语言的注释符是以"/＊"开头并以"＊/"结尾的串。在"/＊"和"＊/"之间的文字即为注释。程序编译时，不对注释作任何处理。注释可出现在程序中的任何位置。注释用来向用户提示或解释程序的意义。在调试程序中对暂不使用的语句也可用注释符括起来，使翻译跳过不作处理，待调试结束后再去掉注释符。

1.4　C 语言的运行环境

1.4.1　C 语言程序的实现过程

本章所列举的两个实例，是已经编写好的符合 C 语言语法要求的程序，叫做源程序。

一个 C 语言源程序从编写到最终实现结果,需要经过编辑、编译、连接和执行四个过程,如图 1-1 所示。

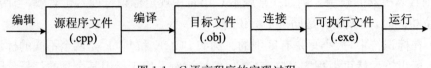

图 1-1　C 语言程序的实现过程

1. 编辑

对于一种计算机编程语言来说,编辑是在一定的编程工具环境下进行程序的输入和修改的过程。在编程工具提供的环境下,经过用某种计算机程序设计语言编写的程序,保存后生成源程序文件。C 语言源程序也可以使用计算机所提供的各种编辑器进行编辑,比如通用编辑工具记事本、专业编辑工具 Turbo C 和 Visual C++等。C 源程序在 Visual C++ 6.0 环境下默认文件扩展名为".cpp",在 Turbo C 2.0 环境下默认文件扩展名为".c",本书所使用的实例都是在 Visual C++环境下编辑和实现的。

2. 编译

编辑好的源程序不能直接被计算机所理解,源程序必须经过编译,生成计算机能够识别的机器代码。通过编译器将 C 语言源程序转换成二进制机器代码的过程称为编译,这些二进制机器代码称为目标文件,其扩展名为".obj"。

编译阶段要进行词法分析和语法分析,又称源程序分析。这一阶段主要是分析程序的语法结构,检查 C 语言源程序的语法错误。如果分析过程中发现有不符合要求的语法,就会及时报告给用户,将错误类型显示在屏幕上。

3. 连接

编译后生成的目标代码还不能直接在计算机上运行,其主要原因是编译器对每个源程序文件分别进行编译,如果一个程序有多个源程序文件,编译后这些源程序文件还分布在不同的地方。因此,需要把它们连接在一起,生成可以在计算机上运行的可执行文件。即使源程序仅由一个源文件构成,在源程序中,输入、输出等标准函数不是用户自己编写的,而是直接调用系统库函数库中的库函数。因此,必须把目标程序与库函数进行连接。

连接工作一般由编译系统中的连接程序来完成,连接程序将由编译器生成的目标代码文件和库中的某些文件连接在一起,生成一个可执行文件。可执行文件的默认扩展名为".exe"。

4. 运行

一个 C 语言源程序经过编译和连接后生成了可执行文件,可以在 Windows 环境下直接双击该文件运行程序,也可以在 Visual C++ 6.0 的集成开发环境下运行。

程序运行后,将在屏幕上显示运行结果或提示用户输入数据的信息。用户可以根据运行结果来判断程序是否有算法错误。在生成可执行文件之前,一定要保证编译和连接不出现错误和警告,这样才能正常运行。因为程序中有些警告虽然不影响生成可执行文件,但有可能导致结果错误。

1.4.2 熟悉 Visual C++6.0 编程工具

Visual C++6.0(本书以后简称 VC++6.0)是目前被广泛使用的可视化 C++编程工具，同时也是良好的 C 语言编程工具。在 VC++6.0 编程环境下，需要首先建立工程，才能后建立、编辑和执行程序，存储的 C 语言源代码文件的扩展名是.cpp。如果在创建文件前，没有创建相关工程，系统在编译时会提示是否要创建活动工程。本小节将主要介绍利用 VC++6.0 编程工具编辑和执行 C 语言程序的基本方法和步骤。

1. C 语言程序的建立

在 VC++6.0 编程环境中，要想建立和执行 C 语言程序文件，首先要启动编程工具，建立一个工程，之后才能建立 C 语言文件，具体的步骤如下：

(1) 启动 VC++6.0 编程工具。单击【开始】→【所有程序】→【Microsoft Visual Studio 6.0】→【Microsoft Visual C++6.0】，可启动 VC++ 6.0 的集成开发环境，如图 1-2 所示。

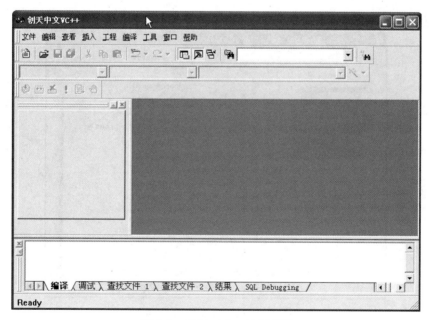

图 1-2 VC++6.0 编程环境

(2) 建立工程。建立工程是建立 C 语言程序的起始步骤，现在以在"c:\c_study"文件夹下建立 ex1_1 工程为例，介绍建立工程的步骤：

① 在 VC++6.0 编程环境下，选择【文件】→【新建】命令，打开"新建"对话框，单击"工程"标签，在左侧的工程选择区中选择"Win32 Console Application"(Win32 控制台应用程序)项。然后通过"位置"文本框右侧的"路径选择"按钮选择(也可以在文本框中输入)指定新建工程的路径："c:\c_study\"。最后在"工程"文本框中输入新建工程的名称："ex1_1"，如图 1-3 所示。

② 单击【确定】按钮，系统显示"Win32 Console Application-Step 1 of 1"对话框(此处

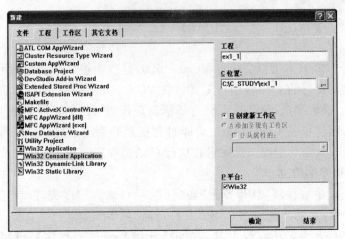

图 1-3   新建工程

用于选择"创建控制台应用程序种类")对话框,选中"An empty project(一个空工程)"
项,如图 1-4 所示。

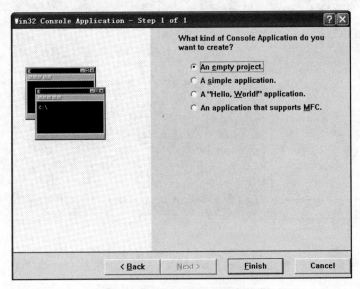

图 1-4   选择控制台应用程序种类

　　③ 单击【finish】按钮,会弹出"新建工程信息"对话框,显示即将新建的 Win32 控制
台应用程序的基本信息,如图 1-5 所示。此时说明当前的应用程序是空的控制台应用程
序,无文件创建或添加到工程。

　　④ 单击【OK】按钮,空的工程就会创建完毕,此时系统会显示 VC++6.0 工作界面,
在工作界面的右侧会显示工程中的基本内容,如图 1-6 所示。

　　(3) 建立 C 语言程序。工程创建完成之后,就可以在此工程下建立 C 语言程序了,
具体步骤如下:

　　① 选择【文件】→【新建】菜单命令,会弹出"新建"对话框,如图 1-7 所示。在该对话
框中,选择"C++ Source File"文件类型,然后在右侧的"文件名 "下方的文本中填写要

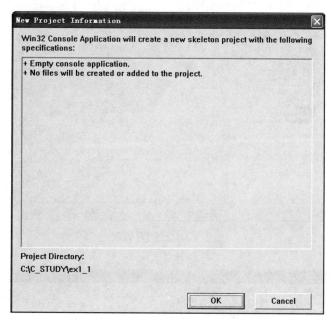

图 1-5 新建工程信息

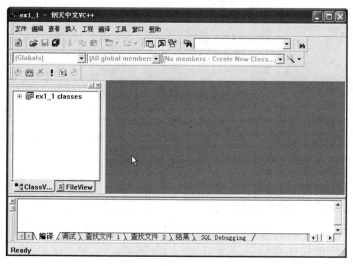

图 1-6 创建工程之后的工作界面

建立的文件名称。

② 单击【确定】按钮,系统即会显示程序编辑界面,在该界面下输入C语言程序,如图 1-8 所示。

③ 选择【文件】→【保存】菜单命令,将文件保存。

2. C 语言程序的编译和执行

编辑好程序之后,接下来的操作就是要编译和执行程序,在编译之前,应该检查并避免程序代码的错误(当然在编译的时候,系统也会检查程序中的语法错误)。值得注意的是在用 VC++6.0 编写 C 语言程序的情况下,当使用输出语句时,"#include〈stdio. h〉"命

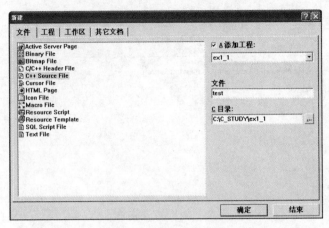

图 1-7　"新建"对话框

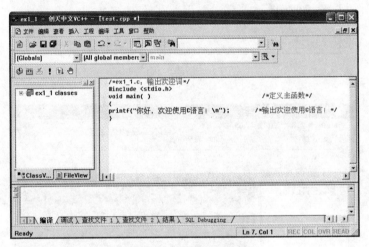

图 1-8　文件编辑界面

令是不能缺少的,这一点与 Turbo C 环境是不同的。

(1) 程序的编译。选择【编译】→【Compile test. cpp】菜单命令(也可以直接按组合键 CTRL＋F7),即可对源程序进行编译,如果编译成功,即可生成.obj 文件,如图 1-9 所示,否则会显示程序中的错误和错误位置,如图 1-10 所示。

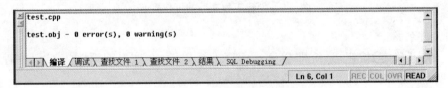

图 1-9　编译成功界面

(2) 连接程序。连接过程就是将目标文件(.obj)生成可执行文件(.exe)的过程。选择【编译】→【Build exe1_1.exe】菜单命令(也可以直接按 F7 功能键),即执行连接操作,操作后的结果如图 1-11 所示。

(3) 执行文件。选择【编译】→【Execute exe1_1.exe】菜单命令(或直接按下 CTRL＋

F5 组合键），即可以执行文件，看到程序运行结果，如图 1-12 所示。

```
-------------------Configuration: ex1_1 - Win32 Debug-------------------
Compiling...
test.cpp
C:\c_study\ex1_1\test.cpp(5) : error C2065: 'print' : undeclared identifier
Error executing cl.exe.

test.obj - 1 error(s), 0 warning(s)
```

图 1-10　编译错误界面

```
-------------------Configuration: ex1_1 - Win32 Debug-------------------
Compiling...
test.cpp
Linking...

ex1_1.exe - 0 error(s), 0 warning(s)
```

图 1-11　连接后的结果界面

图 1-12　程序执行结果界面

实际上，程序的编译、连接和执行过程直接可以通过该步骤来实现和完成。

上述操作完成之后，系统会在工程文件夹里创建一些文件，如图 1-13 所示，对这些文件简单介绍如下：

① .dsw 文件：工作区（Workspace）文件，存放和工作区相关的文件夹等信息，可以用它直接打开工程。

② .dsp 文件：项目（Project）文件，存放特定的应用程序的有关信息。如果没有 .dsw 文件，可以用它直接打开工程。

③ .opt 文件：选项（.plg）文件，是工程关于开发环境的选项设置。此文件被删除后会自动建立，若更换了机器环境，或开发环境变了，该文件也会重建。

④ .ncb 文件：无编译浏览（no compile browser）文件。当自动完成功能出问题时，可以删除此文件，在构建可执行文件后会自动生成。此时 Debug 文件夹下没有任何文件。

⑤ .cpp 文件：生成的 C 语言和 C++源代码文件。

为了更加便捷地进行编译、连接和运行操作，VC++6.0 还提供了一组快捷工具按钮，如图 1-14 所示。

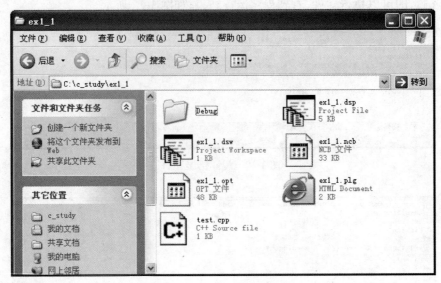

图 1-13　C 语言工程中的文件

图 1-14　快捷工具按钮

从左至右分别是，Compiles：编译 C 或 C＋＋源代码文件；Build：创建可执行文件；Stop Build：停止创建可执行文件；Executes Program：执行程序；Go：开始或继续执行程序；Insert/Remove Breakpoint：设置或取消断点。

3. 程序的调试

在编写程序的时候，程序可能会出现一些错误（对于初学者或者在编写大型程序的时候），这些错误分为语法错误和逻辑错误。对于语法错误，在对程序编译的时候，系统会给出错误的描述、错误的位置和错误的个数，在编程环境下方的调试窗口，只需要双击错误信息的位置，系统会自动定位到程序中的错误位置并显示一个箭头符号，如图 1-15 所示。

在调试窗口中，会显示 error（错误）和 warning（警告），对于 error 型的错误，程序必须修改正确后，才能进行编译；对于 waring 型的错误，也可以不用修改，继续进行正常的编译。

对于逻辑错误，一般是程序设计者思路方面的原因，需要认真思考和分析，找出思路上的错误。

图 1-15 程序的调试

1.5 程序举例

1.5.1 VC++6.0 编程环境的使用

1. 程序描述

利用 VC++6.0 编程工具,建立一个工程,输入下面的程序,然后编译、连接和执行。程序如下:

```c
#include <stdio.h>
int main()
{
    printf("   *   \n");
    printf("  * * *  \n");
    printf(" * * * * * \n");
    return 0;
}
```

2. 程序操作步骤

根据对 1.4 节的学习,确定该项目的操作步骤如下:

(1) 启动 Visual C++ 6.0。依次选择【开始】→【程序】→【Microsoft Visual Studio 6.0】→【Microsoft Visual C++ 6.0】命令,进入 Visual C++ 6.0 的集成开发环境。

(2) 新建工程。在 Visual C++ 工作界面中,依次选择【文件】→【新建】菜单命令,打开"新建"对话框。在"新建"对话框中,单击选中"工程"标签下的"Win32 Console Application"项。然后在"位置"文本框中指定新建工程的路径。最后在"工程名称"文本框中输入新建工程的名称(名称自定)。

（3）新建源程序文件。在 Visual C++主窗口中,选择【文件】→【新建】菜单命令,打开"新建"对话框,选中"文件"标签,在列表框中选择"C++ Source File"选项,选中"添加到工程"复选框。然后,在"文件名"文本框中输入文件名(名称自定)。

（4）单击【确定】按钮,系统返回主界面,在代码编辑框中输入代码。

（5）编译、连接和运行程序,程序运行结果如图 1-16 所示。

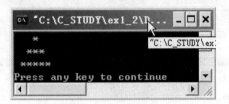

图 1-16　程序运行结果

1.5.2　C 语言程序的调试

1. 程序描述

对一个有错误的 C 语言程序进行调试,出错程序如下:

```
#include <stdio.h>
int main()
{
    printf(" * * * * * * * * * * * * * * *\n")
    printf(" * 欢迎使用 C 语言 *\n");
    printt(" * * * * * * * * * * * * * *\n");
    return 0;
```

2. 程序调试及处理方法

（1）操作步骤。

① 新建工程。操作步骤与第一个项目相同,此处略。

② 新建源程序文件。在新建的工程中,选择【文件】→【新建】菜单命令,打开"新建"对话框,选中"文件"标签,在列表框中选择"C++ Source File"选项,然后,在"文件名"文本框中输入文件名(名称自定),最后单击【确定】按钮。

③ 在程序编辑界面中,输入上述程序。

④ 按下 CTRL+F5 组合键,开始执行程序。此时系统将依照编译、连接和执行的顺序进行程序的操作,由于此程序存在语法错误,在编译环节,执行程序的过程将停止,在调试窗口会显示错误的位置、原因和个数,如图 1-17 所示。

（2）调试和错误处理。查看调试窗口,可以知道,当前程序有三处错误,分别处于程序的第 5、6、7 行,具体的错误原因介绍如下:

① C:\C_STUDY\ex1_3\ex1_3.cpp(5) : error C2146: syntax error : missing ';' before identifier 'printf',说明错误位置在第 5 行,错误描述是语法错误,在标识符 printf

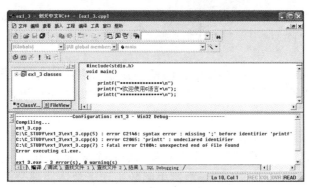

图 1-17　程序调试界面

前缺少分号。在第 4 行的末尾添加";"，即可解决本错误。

② C:\C_STUDY\ex1_3\ex1_3. cpp(6)：error C2065：′printt′：undeclared identi-fier，说明错误位置在第 6 行，错误描述是 printt 没有声明的标识符，该描述说明 printt 是错误的，修改为 printf 即可解决本错误。

③ C:\C_STUDY\ex1_3\ex1_3. cpp(7)：fatal error C1004：unexpected end of file found，说明错误位置在第 7 行，错误描述是严重错误，没有程序的结束，通过观察，可知在程序的末尾缺少"}"，添加一个大括号即可解决该错误。

在修正错误的时候，在下方的编译窗口中双击错误信息，在程序中定位，然后进行修改，这种修改方法，在语句较多的程序调试处理中非常适用。

（3）运行程序。按照上述的错误处理方法，改正错误，按下 CTRL＋F5 组合键执行程序，编译之后的调试结果如图 1-18 所示，程序执行结果如图 1-19 所示。

图 1-18　修正错误之后的编译界面

图 1-19　程序执行结果

本 章 小 结

本章主要讲述程序设计语言,C语言的基本程序结构,C语言的字符集、标识符和关键字以及C语言程序编程工具Visual C++6.0的使用方法和C语言程序的实现过程等内容。

每一个C语言程序都是由一个或若干个函数所组成,程序的执行总是从一个叫做main的主函数开始。一个C语言程序中有且仅有一个名为main的主函数,可以放在整个程序里的任何位置。C语言中的函数都由函数头和函数体两部分组成,函数头包含函数返回类型、函数名、函数参数及其类型说明等,在函数头下方,用大括号"{}"括起来的是函数体部分。

在C语言中,有其允许使用的字符集,标识符由字符集中的字符组成,且必须符合C语言规定的命名规则。关键字是C语言系统保留的,用户命名的标识符不能与关键字同名。

Visual C++6.0是目前广泛使用的C++编程环境,也是编写和实现C语言程序的良好工具,在VC++6.0环境下编写和实现C语言程序,要在建立工程的前提下进行。

C语言源程序要经过编辑、编译、连接和运行4个环节,才能产生输出结果。

习 题

一、填空题

1. 计算机语言总的来说可分为机器语言、_____和_____三大类。

2. C语言中源文件的后缀名为_____。

3. 在程序中,如果使用printf()函数,应该包含_____头文件。

4. 在main()函数中,用于返回函数执行结果的是_____。

5. C语言程序在运行时,必须经过_____和_____两个阶段。

二、选择题

1. 下面选项中表示主函数的是(　　　)。

   A. main()　　　　B. int　　　　C. printf()　　　　D. return

2. C语言属于(　　　)类计算机语言。

   A. 汇编语言　　　B. 高级语言　　　C. 机器语言　　　D. 以上都不是

3. 下面属于C语言标识符的是(　　　)。

   A. 2ab　　　　B. @f　　　　C. ? b　　　　D. _a12

4. 下列选项中,不属于C语言优点的是(　　　)。

   A. 不依赖计算机硬件　　　　　　B. 简洁、高效

   C. 可移植性强　　　　　　　　　D. 面向对象

5. 下列选项中,(　　　)属于多行注释。

   A. //　　　　B. /*……*/　　　　C. \\　　　　D. 以上均不是

三、简答题

1. 请描述 printf()函数的作用。
2. 请简述 C 语言中注释的作用。

四、编程题

1. 试编写一个 C 程序,输出如下信息:

＊＊＊＊＊＊＊＊＊＊＊＊＊＊

这是我的 C 程序

　＊＊＊＊＊＊＊＊＊＊＊＊＊＊

第 2 章　C 语言的数据类型

【内容概述】

用 C 语言编写程序时，需要用到变量、常量、标识符、运算符、表达式、函数、关键字等，理解和掌握 C 语言的这些语言要素是学好 C 语言的前提和关键之一。本章主要介绍 C 语言的基本数据类型，变量和常量的概念、分类、定义方法，运算符的分类和运算规则，表达式及其求值规则等内容。

【学习目标】

通过本章的学习，掌握 C 语言的基本数据类型；理解变量和常量；掌握 C 语言的运算符和表达式。

C 语言是为了满足人们需要应运而生的一门高级语言，它可以作为系统设计语言，编写系统程序，也可以作为应用程序设计语言，编写不依赖计算机硬件的应用程序。在第 1 章中，我们了解了 C 语言的特点，看到了简单的 C 语言程序，接下来我们深入到 C 语言程序的内部，一起来看一下 C 语言程序所包含的内部信息。

一个满足要求的好的应用程序，需要同时包含两方面的内容：数据和操作步骤，即算法。数据是操作的对象，操作的目的就是对数据进行加工处理，从而得到自己想要的结果。比如说，糕点师要想做出一个美味的面包，就必须得有制作面包的原材料、工具以及烘焙面包的制作步骤（即，明确指出如何使用这些原材料，又如何利用这些工具进行加工制作），按照事先规定好的步骤进行加工终将做出一个可口面包，这里所谓的原材料就相当于 C 语言程序中的数据，制作步骤相当于其对应的算法。下面我们就先来看看 C 语言程序中的原材料——数据。

数据作为算法处理的对象，是以某种特定的形式存在的（整数，实数，字符串等），数据与数据之间也往往有着某种联系，存在着某种组织形式（比如，由 d、o、r、w 这四个字母按照某种规则可以组成一个单词 word），这里数据的组织形式就是所谓的数据结构。C 语言中的数据是分类型存在的，即每个数据都有其所对应的类型，类型指明了数据存储时存储单元的分配方法，包括所分配存储单元的长度（即所占字节数）以及其存储形式。不同数据类型分配的存储长度与存储形式各不相同，图 2-1 列出了 C 语言中的一些数据类型，这些数据类型又可以构造出不同的数据结构。

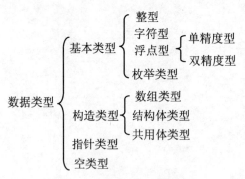

图 2-1　C 语言中的数据类型

2.1　整　型　数　据

C 语言中整型数据可分为整型常量与整型变量两种。

2.1.1　整型常量

整型常量,也称为整型常数。C 语言中的整型常数一般采用以下 3 种形式来表示:

(1) 十进制整数。如 1024、−22、1。

(2) 八进制整数。以 0 开头的数通常是八进制数,如 0123 表示八进制数 123,然而转换成十进制数所对应的数值为 $1 \times 8^2 + 2 \times 8^1 + 3 \times 8^0 = 64 + 16 + 3 = 83$,−021 表示八进制−21,对应的十进制数为−17。

(3) 十六进制数。以 0x 开头的数是十六进制数,如 0x123,代表十六进制数 123,转换成十进制数所对应的数值为 $1 \times 16^2 + 2 \times 16^1 + 3 \times 16^0 = 256 + 32 + 3 = 291$,−0x12 对应的十进制数为−18。

2.1.2　整型变量

1. 整形数据在内存中的存放形式

数据在内存中是以二进制形式存放的,C 语言中定义一个整型变量 i 的格式为:

```
int i;          /*定义整型变量 i*/
i=7;            /*将整数 7 赋给整型变量 i*/
```

十进制数 7 的二进制形式为 111,不同的编译系统为整型变量所分配的字节数不同,如:Turbo C 2.0 在内存中为每一个整型变量分配 2 字节的存储单元,而 Visual C++ 6.0 及以后的各版本均为一个整型变量分配 4 字节的存储单元,本书在举例时以占 2 字节的存储单元为主。图 2-2 为所示数据在内存中的实际存放情况。

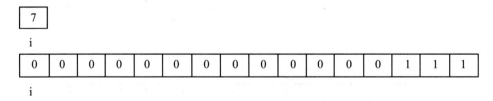

图 2-2　数据在内存中的实际存放情况

2. 整型变量的分类

整型变量的基本类型符为 int。

根据整型数据的数值范围可将整型变量定义为基本整型、短整型和长整型。在基本整型 int 之前根据程序需求加上修饰符 short(短型)或 long(长型),可分别构成短整型或长整型。具体如下:

(1) 基本整型,以 int 表示。

（2）短整型，以 short int 或 short 表示。

（3）长整型，以 long int 或 long 表示。

一个有符号的 int 型变量，其值的取值范围为 $-2^{15} \sim (2^{15}-1)$，即 $-32768 \sim 32767$。但是，在实际应用中，许多变量的取值往往仅为正值（如学号、年龄、年级、分数等），为了充分利用变量的取值范围，此时可以将变量定义为"无符号"类型。将以上 3 种整型变量分别加上修饰符 unsigned，可将其指定为"无符号数"；如果加上修饰符 signed，可将其指定为"有符号数"；如果既不指定 signed，也不指定为 unsigned，则隐含有符号（signed）。signed 在实际编程中是完全可以不写的。归纳起来有以下 6 种整型变量：

① 有符号基本整型：[signed] int；

② 无符号基本整型：unsigned int；

③ 有符号短整型：[signed] short [int]；

④ 无符号短整型：unsigned short [int]；

⑤ 有符号长整型：[signed] long [int]；

⑥ 无符号长整型：unsigned long [int]；

以上用"[ ]"括号括起来表示其中的内容是可选的，既可以有，也可以没有。

对于有符号整型数据，其在内存的存储单元中，最高位代表符号（0 为正，1 为负）；对于无符号整型数据，存储单元中的全部二进位（bit）用作存储数本身，而不包括符号，因此，无符号整型变量只能存放不带符号的整数（如：213、2341 等），而不能存放负整数（如：-123、-3 等）。一个无符号整型变量中可以存放的正数范围要比一般整型变量中所存放的正数范围扩大一倍。例如：某程序中定义两个变量 i、j 如下：

    int i;

    unsigned int j;

则变量 i 的取值范围为 $-32768 \sim 32767$，而变量 j 的取值范围是 $0 \sim 65535$。图 2-3（a）表示有符号整型变量 i 的最大值（32767），而图 2-3（b）则表示无符号整型变量 j 的最大值（65535）。

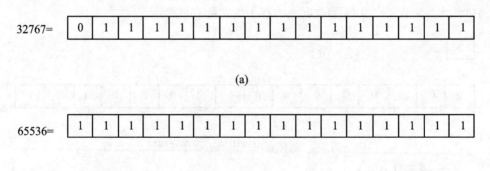

图 2-3　变量 i、j 的取值范围

3. 整型变量的定义

C 语言程序中所有用到的变量都必须在程序中事先定义，以便为其在内存中分配一定的存储空间，这就好比到银行取款时都要先取号，然后才能根据所取号码去找到自己的位置一样。例如：

```
int a,b;                /* 指定变量 a、b 为整型 */
unsigned short c,d;     /* 指定变量 c、d 为无符号短整型 */
long e,f;               /* 指定变量 e、f 为长整型 */
```

对变量的定义一般是放在一个函数开头的声明部分，也可以放在函数中某一段分程序内（此时的作用域只限它所在的分程序，具体将在第 3 章中详细说明）。

【例 2.1】分析如下程序代码：

源程序：

```
#include <stdio. h>
int main
{
    int a,b,c,d;
    unsigned u;
    a = 1;b = -21;u = 10;
    c = a + u;d = b + u;
    printf("a+u = %d,b+u = %d\n",c,d);
    return 0;
}
```

运行结果：

```
a+u = 11,b+u = -11
```

可以看到不同种类的整型数据是可以进行算术运算的。由此可见，本例中 int 型和 unsigned 型数据进行了相加减运算（有关的运算规则将在本章第 2.5.6 节中介绍）。

4. 整型数据的溢出

在 Turbo C 中，一个 int 型变量的最大允许值为 32767，如果该值再加 1，将会发生什么情况呢？

【例 2.2】整型数据的溢出（见图 2-4）。

源程序：

```
#include <stdio. h>
int main()
{
    int a, b;
    a = 32767;
    b = a + 1;
    printf("%d,%d\n",a, b);
    return 0;
}
```

运行结果：

```
32767,-32768
```

从图 2-4 可以看出根据二进制运算法则，a 的末尾加 1 后，每位向前进 1，之后变成了

b 的形式,为－32768 的补码形式,所以输出变量 b 的值为－32768。因此需要注意,一个有符号的整型变量只能容纳－32768～32767 范围内的数。如果超出此范围,则会发生"溢出"的情况,如例 2.2,但运行时并不报错。这类似于汽车里程表一样,达到最大值以后又会从最小值开始计数。从这里可以看出,C 语言灵活的用法需要程序员的细心和经验来保证结果的正确性。

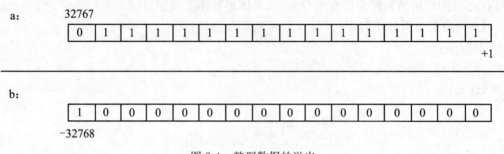

图 2-4　整型数据的溢出

2.1.3　整型常量的类型

整型变量可分为 int、short int、long int 和 unsigned int、unsigned short、unsigned long 等类型,那么整型常量是否也有这样的类型之分呢?

整数存在溢出的问题,因此,整型常量也应有与之相对应的类型。在整型常量与类型相匹配时,请注意以下几点(假定整型数据在内存中占用 2 字节的存储单元):

(1) 一个整数,如果其数值范围在－32768～32767 范围内,则认定其为 int 型。此时,它可以赋值给 int 型变量,也可以赋值给 long int 型变量。

(2) 一个整数,如果其值超过了上述范围,而在$-2^{31} \sim 2^{31}-1$范围内,则认定其为长整型。此时,可以将它赋值给一个 long int 型变量。

(3) 如果所用的 C 语言编译系统(如 Visual C++ 6.0)在内存中分配给 short int 型与 int 型数据的长度相同,则一个 int 型常量可同时赋值给 short int 型常量。

在整型常量后面加上一个字母 l 或 L,可将该常量定义为 long int 型常量。例如 123l、432L、0L 等。在函数调用中,如果某一函数的形参为 long int 型,则要求其实参也必为 long int 型(实参和形参将在下面的章节进行详细讲述)。

2.2　浮点型数据

C 语言中的浮点型数据又称为实型数据,在计算机中用来表示具有小数点的实数。

2.2.1　浮点型常量的表示方法

在 C 语言中,浮点型数据的值域范围只是数学中实数的一个子集,有两种表示形式:

1. 十进制小数形式

它由数字和小数点组成(必须有小数点),如 0.12、12.0、123.0、0.0 等。

2. 指数形式

如 123e3 或 123E3 都代表 $123×10^3$。这里需要注意的是：字母 e（或者 E）之前必须有数字，且 e 后面的指数必须是整数，像 e3、2. le3.5、. e3、e 等都是不合法的指数形式。

一个浮点数可以有多种指数表示形式，如 132. 895 可以表示为：132. 895e0、13. 2895e1、1. 32895e2、0. 132895e3 等。其中 1. 32895e2 称为"规范化的指数形式"，即在字母 e（或 E）之前的小数部分中，小数点左边应有一位（且只能有一位）非零的数字；而 0. 132895e3 称为标准化的指数形式，即在字母 e（或 E）之前的小数部分中，小数点前的数字为 0，小数点后的第一位数字不为 0。例如 7. 2317e2、3. 24214e3 属于规范化的指数形式，而 0. 23242e3、0. 135e10 都属于标准化的指数形式。一个浮点数在用指数形式输出时，是按照规范化的指数形式输出的；而当其在计算机内存中存储时，是按照标准化的指数形式存储的。

2.2.2　浮点型变量

1. 浮点型数据在内存中的存放形式

一个浮点型数据在计算机内存中一般占 4 字节（即 32 位）。与整型数据的存储方式不同，浮点型数据是按照指数形式存储的。系统把一个浮点型数据分成小数部分和指数部分，分别存放，采用标准化的指数形式存储。例如：实数 3. 1415926 在内存中的存放形式可以用图 2-5 示意。

图 2-5　实数在内存中的存放形式

图 2-5 是用十进制数来示意的，但是在计算机中是用二进制数来表示小数部分的，并用 2 的幂次来表示指数部分，具体用多少位来表示小数部分，用多少位来表示指数部分，在 C 标准中并无明确规定，由各 C 语言编译系统自行确定。

2. 浮点型变量的分类

浮点型变量分为单精度型（float）、双精度型（double）和长双精度型（long double）。其中对于 long double 型，Turbo C 为其分配 16 字节，而 Visual C++ 6.0 则为其分配 8 字节，和 double 型一样处理，因此我们在使用不同的编译系统时要注意其差别。有关浮点型数据的情况如表 2-1 所示。

每个浮点型变量在使用前都应事先加以定义（只要是变量都应该先定义），例如：

　　　　float x,y;　（指定 x、y 为单精度浮点数）

　　　　double z；　（指定 z 为双精度浮点数）

　　　　long double t；　（指定 t 为长双精度浮点数）

表 2-1   浮点型数据的有关情况

类型	位数	有效数字	数值范围(绝对值)
float	32	6~7	$0, 1.2 \times 10^{-38} \sim 3.4 \times 10^{38}$
double	64	15~16	$0, 2.3 \times 10^{-308} \sim 1.7 \times 10^{308}$
long double	64	15~16	$0, 2.3 \times 10^{-308} \sim 1.7 \times 10^{308}$
	128	18~19	$0, 3.4 \times 10^{-4932} \sim 1.1 \times 10^{4932}$

3. 浮点型数据的舍入误差

由于浮点型变量是由有限的存储单元所组成的,因此能提供的有效数字是有限的,在有效位以外的数字将会被舍去,由此会产生一些误差。请分析以下程序:

【例 2.3】浮点型数据的舍入误差。

源程序:

```
#include <stdio.h>
int main()
{
    float a,b;
    a = 123.2314e7;
    b = a + 20;
    printf("%f\n%f\n",a,b);
    return 0;
    /* 其中%f 是输出浮点数时指定的格式符 */
}
```

运行结果:

```
1232313984.000000
1232314004.000000
```

由运行结果可见,程序运行时输出的 a 值与所赋予 a 的初始值并不相等,加法运算后得到的 b 值也不是想要的结果值。原因是 a 的值比 20 大很多,a+20 的理论值应是 1232314020,而一个浮点型变量只能保证的有效数字是 6 位,后面的数字是无意义的,因此并不能准确地表示该数。运行程序得到的 a 值是 1232313984.000000,可以看到对这个数来说,前 6 位是准确的,后几位是不准确的,把 20 加在后几位是无意义的。应当避免将一个很大的数和一个很小的数直接相加或相减,否则就会"丢失"小的数。

2.2.3   浮点型常量的类型

在 C 语言中,编译系统将浮点型常量作为双精度型数据来处理。例如已定义了一个浮点型变量 f,有如下语句:

```
f = 1.23535 * 314.159;
```

系统先把 1.23535 和 314.159 作为双精度数,然后进行相乘运算,得到的乘积也是一个双精度数,最后取其前 7 位赋值给浮点型变量 f。这样做可以使计算结果更精确,但是运算速度却有所降低。如果在数字的后面加上字母 f 或 F(如 1.42f、241.235F),这样编译系统就会把它们按照单精度数(32 位)处理。

一个浮点型常量可以赋给一个 float 型、double 型或 long double 型变量,编译系统会自动根据变量的类型截取实型常量中相应的有效位数字。例如:变量 f 已指定为单精度浮点型,

    float f;
    f = 31415.926;

由于 float 型变量只能接收 7 位有效数字,因此最后 1 位小数不起作用。如果改为 double 型,则能全部接收上述 8 位数字并存储在变量 f 中。

2.3　字符型数据

C 语言中,字符型数据可分为字符和字符串两种。

2.3.1　字符常量

C 语言中的字符常量是用单括号括起来的一个字符,如'w'、'％'、'￥'、'd'等都是字符常量。除此之外,C 语言中还存在另外一种特殊形式的字符常量,即:以一个字符"\"开头的字符序列。例如,在前面例子中我们可以看到,printf 函数中有一个"\n"字符,它代表一个"换行"符,是一种"控制字符",不能在屏幕上打印出来,在程序中也无法用一个一般形式的字符来表示,只能采用这种特殊形式来表示。

表 2-2 列举了一些常用的以"\"开头的特殊字符。

表 2-2　常用的以"\"开头的特殊字符

字符形式	含义
\n	换行,将当前位置换行到下一行开头
\t	跳到下一个 Tab 位置
\r	回车
\b	退格
\\	代表一个反斜杠符"\"
\'	单引号字符

2.3.2　字符变量

字符型变量所存放的内容是字符常量。
字符变量的定义如下:

    char c1,c2;

此定义表示 c1、c2 为字符型变量,每个变量均可存放一个字符,其赋值语句为:

c1 = 'a';
c2 = 'b';

在所有的编译系统中,都规定用 1 字节来存放一个字符,也就是说一个字符变量在内存中占 1 字节。

2.3.3　字符数据在内存中的存储形式及其使用方法

在计算机中,将一个字符常量赋值给一个字符变量,实际上是将该字符对应的 ASCII 码值存入到相应的内存单元中。例如字符"a"的 ASCII 码值为十进制数 97,"A"的 ASCII 码值为十进制数 65,在内存中变量 c1、c2 的值如图 2-6(a)所示,而实际存放在内存中的是该值的二进制数形式,如图 2-6(b)所示。

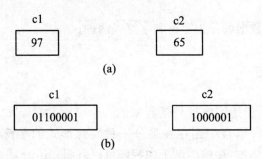

图 2-6　字符数据在内存中的存储形式

类似于整型数据的存储形式,字符数据在内存中以其 ASCII 码值的二进制数形式来存储。这就意味着,一个字符型数据,既可以以字符形式输出,也可以以整数形式输出。

【例 2.4】大小写字母的转换。

源程序:

```
#include <stdio. h>
int main()
{
    char c1,c2;
    c1 = 'a';
    c2 = 'b';
    c1 = c1 - 32;
    c2 = c2 - 32;
    printf("%c  %c",c1,c2);
    return 0;
}
```

运行结果:

　　A　B

该程序的作用是将两个小写字母"a"和"b"转换成大写字母'A'和'B'。'a'的 ASCII 码为 97,而'A'为 65,'b'为 98,'B'为 66。由该程序也可以看出,C 语言允许字符数据与整数直接进行算术运算,即'A'+32 会得到整数 97,'a'-32 会得到整数 65。

2.3.4　字符串常量

字符常量是由一对单撇号括起来的单个字符,除此之外,C 语言中还允许使用字符串常量,它是用一对双撇号括起来的字符序列。例如,下面均是合法的字符串常量:

"How do you do","forever","a"。

在 C 语言中可以直接输出一个字符串常量,如:

printf("How do you do");

2.4　变　　量

上文讨论了大多数的常量及小部分的变量,但在一个 C 语言程序中,使用频率最高的还是变量,如:数据的输入、处理结果的保存等都需要变量,因此这里将变量单独列出再次进行介绍。

在 C 语言程序中,变量用来保存程序运行过程中输入的数据、计算获得的中间结果以及程序运行的最终结果。在对变量展开介绍之前,我们先来看一下"声明"与"定义"这两个概念:"声明"一个变量意味着告诉编译器此变量的类型,但不在内存中为其分配存储空间;"定义"一个变量则意味着在声明的同时还要为其分配存储空间。

2.4.1　变量的定义和初始化

1. 变量的定义

一个变量在使用之前应该有一个名字(即先被定义),以便为内存中占据一定存储单元的变量空间赋名。对变量的定义必须放在变量使用之前,格式如下:

类型说明符　变量名表;

以下为正确的变量定义:

int i, j;　　/*定义两个整型变量 i,j*/

char c1;　　/*定义字符变量 c1*/

float d;　　/*定义浮点型变量 d*/

而下面的则是错误的变量定义:

int a　　/*行末缺少结束符";"*/

floatb,c;　　/*类型说明符 float 与变量 b 之间没有空格*/

2. 变量的初始化

变量定义之后,一般都要赋初值,即变量的初始化。C 语言中变量的初始化一般有两种形式:

(1) 直接初始化。此时的初始化放在变量的定义部分,如:

int a = 1, b, c = 3;

(2) 间接初始化。这种形式是在定义变量之后通过赋值语句给定初值的,如:

```
        int a，b;
        a = 1;
        b = 2;
```

【例 2.5】字符变量的定义和使用。

源程序：

```
#include〈stdio. h〉
int main()
{
    int c1,c2;                /* 先定义两个变量,接下来的两行是对变量赋值 */
    c1 = 97;
    c2 = 98;
    printf("%c   %c\n",   c1,   c2);      /* 对本变量以字符形式输出 */
    printf("%d   %d\n",   c1,   c2);      /* 对本变量以整数形式输出 */
    c1 = c1 + 2;   c2 = c2 + 3;
    printf("%c   %c\n",c1,c2);
    return 0;
}
```

运行结果：

```
a   b
97   98
c   e
```

2.4.2　变量的使用细节

变量属于程序中的常用内容,其数目随着程序要求实现功能的增多而增多,不正确的使用往往会导致程序出错。

1. 变量的命名

变量名称是一种标识符名,命名时一定要符合标识符的命名准则,即只能由字母、数字和下划线三种字符组成,不能使用 C 语言关键字,且第一个字符必须是字母或下划线。例如：a、sam、_ag、b2、k_1 等都是合法的变量名；而 0a、sam、\$_ag、b3′、a_# 等都是不合法的变量名。

2. 变量的定义与使用

变量在使用时一定要"先定义,后使用"。如果一个程序中出现了未定义的变量,那么编译器在进行编译时就会出现错误,如：

```
    int number;
    numer = 10;
```

3. 变量类型的确定

对于变量类型的确定,则需要根据当前变量的用途与操作要求的不同进行定义。一旦用某种类型定义了某个变量,系统就会为其分配一定的内存单元。如果所定义的类型

精度或数据范围不符合要求,就会出现不可预知的错误。例如:

  int n;

  n = 123456789;

  因为数值"123456789"超出了变量 n 所表示的数据范围,所以在接受该数据时会造成数据错误,但如果把 n 定义成长整型,就不会出现上述类似的错误。

2.5　运算符及表达式

  在 C 语言中,常用的运算符主要有:

  (1) 算术运算符:＋、－、＊、/、％;

  (2) 关系运算符:＞、＜、＝＝、＞＝、＜＝、!＝;

  (3) 位运算符:≪、≫、～、|、^、&;

  (4) 逻辑运算符:!、&&、||;

  (5) 逗号运算符:,;

  (6) 条件运算符:?:;

  (7) 指针运算符:＊、&;

  (8) 求字节运算符:sizeof;

  (9) 强制类型运算符:(类型);

  (10) 其他。

2.5.1　运算符概述

  在 C 语言中,运算符是一种向编译程序说明一个特定数学运算或逻辑运算的符号,主要分为 3 大类:算术运算符、关系与逻辑运算符、按位运算符。此外还有一些用于完成特殊任务的运算,如赋值运算符、条件运算符、逗号运算符等。

  C 语言中的表达式是指用运算符、括号将操作数连接起来所构成的式子。例如:5＊(a＋b)/2 就是表达式,它包括的运算符有"＊"、"＋"、"/",操作数有变量 a、b,常量 5、2。表达式按照运算规则计算得到的一个结果,称为表达式的值。

  对于运算符,如果其操作对象只有一个,就称为单目运算符,比如取正运算符"＋"、取负运算符"－"等;如果其操作对象有两个,则称为双目运算符,比如加法运算符"＋"、减法运算符"－"、乘法运算符"＊"等;如果其操作对象有三个,则称为三目运算符,比如表达式 a＞b? 4:5 就是由三目运算符"?:"及三个操作数组成,表示如果满足条件 a＞b 则结果为 4,否则结果为 5。

2.5.2　算术运算符

1. 算术运算符的分类

  算术运算符主要用于实现数学上的算术运算。由算术运算符、括号和操作数连接起来的,并且符合 C 语言语法规则的式子,称为算术表达式。算术表达式的值是一个数值型数据。

C语言中的算术运算符主要有两类：单目运算符和双目运算符，如表2-3所示。

表2-3 算术运算符及含义

类别	运算符	含义	举例
双目	＋	加法	$1＋1＝2;1.2＋3.8＝5.0$
	－	减法	$18－11＝7;1.8－5.6＝－3.8$
	＊	乘法	$7＊2＝14;3.2＊1.2＝3.84$
	／	除法	$6/5＝1;6.0/5.0＝1.2$
	％	求模或取余（只能用于整型）	$12％6＝0;10％4＝2$
单目	＋＋	自加1（只能用于变量）	如 int i＝1;i＋＋;则 i 的值为2
	－－	自减1（只能用于变量）	如 int i＝2;i－－;则 i 的值为1
	－	取负	$－(－2)＝2$

2. 运算符的优先级与结合性

与数学中的四则运算规则一样，C语言中表达式的运算也是具有优先级的。在一个表达式中，如果某个运算量两侧的运算符优先级不同，则优先级较高的先于优先级较低的进行运算，而如果两侧的运算符优先级相同，则应按照运算符结合性所规定的结合方向进行处理。

【例2.6】算术运算符的使用。

源程序：

```c
#include <stdio.h>
int main()
{
    int q1, r, n;
    float q2;
    n = 7;
    q1 = n / 3;
    q2 = n / 3.0;
    r = n % 3;
    printf("q1 = %d, q2 = %5.2f, r = %d\n",q1,q2,r);
    return 0;
}
```

运行结果：

    q1 = 2,q2 = 2.33,r = 1

2.5.3　赋值运算

1. 赋值运算符

赋值运算符就是将某个数值存储到一个变量中,比如表达式"a＝2",其作用就是将 2 赋值给变量 a(这就是一次赋值运算)。

【例 2.7】赋值运算符的使用。

源程序:

```
#include <stdio.h>
int main()
{
        char i = 'A';
        int j = 1, k = 2, m = 10, n = 15, f;
        i += 1;
        j -= 2;
        k *= 5;
        m /= 2;
        printf("i = %c,j = %d,k = %d,m = %d\n", i, j, k, m);
        i = j = k = m = 99;
        printf("i =%c, j = %d, k = %d, m = %d\n", i, j, k, m);
        f = (i = 2) * (j = i+8);
        printf("f = %d\n", f);
        return 0;
}
```

运行结果:

i ＝ B,j ＝ －1,k ＝ 10,m ＝ 5

i ＝c, j ＝ 99, k ＝ 99, m ＝ 99

f ＝ 20

2. 赋值运算中的类型转换

在赋值运算中,如果赋值号左右两边的类型不一致,则赋值操作将不能进行,但是,在实际应用中,赋值号两端难免会出现一些不一致的情况,此时为了达到自己想要的预期效果,该怎样办呢?

具体规则如下:

(1) 实型赋予整型,舍去小数部分。

(2) 整型赋予实型,数值不变,但存储为浮点型,即自动增加小数部分。

(3) 字符型赋予整型,由于字符型占 1 字节,而整型占 2 字节,故而将字符的 ASCII 码值放到整型变量的低 8 位中,高 8 位为 0。

(4) 整型赋予字符型,只把存储单元中的低 8 位赋予字符变量。

【例 2.8】赋值运算类型转换的使用。

源程序:

```
#include <stdio. h>
int main()
{
    int a, b = 353;
    float f1,f2 = 1.28;
    char c1 = 'k',c2;
    a = f2;
    f1 = b;
    a = c1;
    c2 = b;
    printf("%d, %f, %d, %c\n", a, f1, a, c2);
    return 0;
}
```

运行结果:

107, 353.000000, 107, a

2.5.4　自加、自减运算符

该运算符的作用是使变量的值增 1 或者减 1,如:

++i , −−i 　　i 先增(减)1 后再使用。

i++ , i−− 　　i 当前值先使用后,i 的值再自增(减)1。

【例 2.9】自加自减运算符的使用。

源程序:

```
#include <stdio. h>
int main()
{
    int a, b, c, i, j, k;
    a = b = c = 8;
    i = ++a;
    j = b−−;
    k = −a++;
    printf("i = %d\n", i);
    printf("j = %d\n", j);
    printf("k = %d\n", k);
    printf("a = %d\n", a);
    return 0;
}
```

运行结果:

$$i = 9$$
$$j = 8$$
$$k = -9$$
$$a = 10$$

在 C 语言中，如果被判别的表达式无论真假，都执行一个赋值语句且是向同一个变量赋值，则可以使用条件运算符，其格式如下：

条件表达式 1 ? 条件表达式 2 : 条件表达式 3。

条件运算符在执行时，先判断"条件表达式 1"的真假，若真则执行"条件表达式 2"，若假则执行"条件表达式 3"，执行完后再执行条件语句后的内容（类似于后面将要学到的 if 判断语句，详见第 3 章）。条件运算符由"?"和":"两个符号构成，缺一不可，使用中要求有三个操作对象，是 C 语言中唯一的一个三目运算符。

下面让我们通过例子来看一下条件运算符是如何使用的吧。

【例 2.10】判断一个变量的值，如果其值大于 num，则把它扩大 5 倍，否则将其值改为－1。

问题分析：

根据示例描述，设变量为 x，则可把问题概括为如下式子（num 是一个常量）：

$$i = \begin{cases} i * 5 & i > num \\ -1 & i \leqslant num \end{cases}$$

为了方便说明，我们不妨将 num 赋值为 1，编写如下程序代码：

```c
#include <stdio.h>
int main()
{
    int i;
    i = 5;
    printf(" i = %d\n", i);
    i = i > 1? i * 5:-1;
    printf("i = %d\n", i);
    return 0;
}
```

运行结果：

$$i = 5$$
$$i = 25$$

因为 i>1，根据条件表达式的运算结果，第二条输出语句输出 i 的值为原来值的 5 倍，即 25。

2.5.5　关系运算符

关系运算实质上就是比较运算，用来判断两个数据是否符合给定关系。例如：4<2 中的"<"表示一个小于关系运算，其运算结果为假，即条件不成立。

在 C 语言中,有 6 种关系运算符:

<(小于)、<=(小于等于)、>(大于)、>=(大于等于)、==(等于)、!=(不等于)。

这 6 个运算符都是双目运算符,其操作数为数值型数据或者字符型数据。

在关系运算中,如果关系成立,则其值为 1(表示逻辑真),否则其值为 0(表示逻辑假),如:4>2(值为 1);4<2(值为 0);4==2(值为 0);4!=2(值为 1)。

当关系运算符两端是算术表达式、关系表达式或者逻辑表达式时,则存在运算符优先级与结合性的问题:

(1) 关系运算符的优先级。

① "<"、"<="、">"、">="的优先级高于"=="、"!=";

如:a==b>c　相当于　a==(b>c)

② 关系运算符优先级低于算术运算符。

如:a+b>c+d　相当于　(a+b)>(c+d)

(2) 关系运算的结合律。C 语言规定,关系表达式采取左结合律,即优先级别相同的运算符,按从左到右的结合方向处理。如:4<2>1(先计算 4<2,结果为 0,再计算 0>1,得最终结果为 0)。

2.5.6　逻辑运算符

C 语言在进行逻辑判断时,如果数据的值非 0,则认为逻辑真,用整数 1 表示,否则认为逻辑假,用整数 0 来表示。

在 C 语言中,有 3 种逻辑运算符:!(逻辑非)、&&(逻辑与)、||(逻辑或),其操作数可以是字符型、整型,也可以是浮点型:

1. 逻辑非(!)

"!"为单目运算符。若操作数为 0,则逻辑非运算后的结果为 1(逻辑真);若操作数非 0,则逻辑非运算后的结果为 0(逻辑假)。如:!(4<2)的结果为 1。

2. 逻辑与(&&)

"&&"为双目运算符。如果参与"&&"运算的两个操作数均为非 0(逻辑真),则运算后的结果为 1(逻辑真),否则为 0(逻辑假),如:(4<2)&&(4>0)的结果为 0。

3. 逻辑或

"||"也是双目运算符。参与运算的两个操作数中,只要有一个数值非 0,即逻辑真,则运算结果就会为 1(逻辑真)。如:(4<2)||(4>0)的结果为 1。

类似于关系运算符,逻辑运算符同样存在着优先级与结合性的问题:

(1) 逻辑运算符的优先级。

① 优先级由高到低:! → && → ||;

② "!"的优先级高于算术运算符,"&&"、"||"的优先级低于关系运算符。

如:! a && b>c　相当于　(! a) && (b>c);

　　a<b || a==c　相当于　(a<b) || (a==c)。

(2) 逻辑运算符的结合律。逻辑运算符同样采用左结合律,即,优先级相同的运算符按照从左到右的方向相互结合。

2.5.7　位运算符

位是二进制数的一个数位,其值为 0 或 1。在用位运算符进行数据位运算时,数据是以补码的形式参与运算的。

1. 数据编码方式

对于一个数字,计算机必须使用一定的编码方式才能对其进行存储,其中原码、反码、补码就是机器存储一个具体数字的编码方式。

(1) 原码。原码,就是符号位加上真值的绝对值,即用第一位表示符号,其余位表示绝对值。例如:如果是 8 位二进制:

　　　　[+1]原 ＝ 0000 0001

　　　　[−1]原 ＝ 1000 0001

(2) 反码。反码的表示方法为:

正数的反码是其本身;负数的反码是在其原码的基础上,符号位不变,其余各个位按位取反。

如:[+1] ＝ [00000001]原 ＝ [00000001]反

　　[−1] ＝ [10000001]原 ＝ [11111110]反

(3) 补码。补码的表示方法为:

正数的补码是其本身;负数的补码是在其原码的基础上,符号位不变,其余各位按位取反,最后＋1(即在反码的基础上＋1)。

如:[+1] ＝ [00000001]原 ＝ [00000001]反 ＝ [00000001]补

　　[−1] ＝ [10000001]原 ＝ [11111110]反 ＝ [11111111]补

2. 位运算

C 语言中,位运算符主要包括:&(位与符)、|(位或符)、^(位异或符)、~(位取反符)、<<(左移)、>>(右移),具体说明如表 2-4 所示。在进行位运算时,数据以补码的形式按位进行相应的运算,运算完成之后再重新转换成数字。

表 2-4　位运算符及其含义

类别	运算符	含义	举例
单目运算符	~	按位取反	~i,对变量 i 按位取反
双目运算符	<<	左移	i<<2,将变量 i 左移 2 位
	>>	右移	i>>2,将变量 i 右移 2 位
	&	按位与	i&j,将变量 i 与 j 按位做与运算
	^	按位异或	i^j,将变量 i 与 j 按位做异或运算
	|	按位或	i|j,将变量 i 与 j 按位做或运算

【例 2.11】

(1) −3&2 的值为 0,其中−3 的补码(用 8 位二进制数表示)为 11111101,2 的补码为 00000010,按位与的结果为 00000000,即值为十进制数 0。

（2）－3|2 的值为－1，－3 与 2 按位或后得 11111111，其真值为－00000001，即－1。

（3）－3＾2 的值为－1，－3 与 2 按位异或后得 11111111，其真值同样为－1。

（4）～（－3）的值为 2，－3 按位取反后得 00000010，其真值为 2。

（5）－3＜＜2 的值为－12，将－3 左移 2 位，右边（低位）补 0，得 11110100，其真值为－00001100，即－12。

（6）－3＞＞2 的值为－1，将－3 右移 2 位，左边（高位）补 1，得 11111111，其真值为－00000001，即－1。

利用位运算符可以操作变量的每一个二进制位，这在编写系统软件，特别是驱动程序的时候非常有用。

【例 2.12】移位运算符用于实现二进制位的顺序向左或向右移位。

源程序：

```
#include <stdio.h>
int main()
{
    int a = 9,     b = 5, c, d, e, f, g;
    c = a||b;
    d = a|b;
    e = a^1;
    f = a >> 2;
    g = a << 2;
    printf("a=%d\nb=%d\nc=%d\nd=%d\ne=%d\nf=%d\ng=%d\n",a,
b, c, d, e, f, g);
    return 0;
}
```

运行结果：

```
a=9
b=5
c=1
d=13
e=8
f=2
g=36
```

2.5.8　逗号运算符

逗号运算符是 C 语言所提供的一种特殊运算符，用它将两个或多个表达式连接起来构成逗号表达式，其含义为：整个式子的值等于逗号表达式中最后一个表达式的值，且运算从左到右。逗号表达式的一般形式如下：

表达式 1，表达式 2，……，表达式 n；

在 C 语言所提供的各运算符中,逗号运算符的优先级别最低。

【例 2.13】逗号表达式的使用。

源程序:

```
#include <stdio.h>
int main()
{
    int a = 2,b = 4,c = 6,x,y;
    x = a + b,b + c;
    y = (a + b,b + c);
    printf("x = %d,y = %d",x,y);
    return 0;
}
```

运行结果:

```
    x = 6,y = 10
```

2.6　程　序　举　例

【例 2.14】数据的溢出。

1. 问题描述

我们都知道数据类型规定了数据的存储空间,那么,如果存入的数据超出了存储空间,将会出现什么样的结果呢? 本例主要用来说明数据的存放范围。

2. 问题分析

C 语言提供了 6 种基本数据类型,有 int、short、long,其中每一种类型可以加上 unsigned 构成无符号型,对应分配的预留空间为 2、2、4 字节,每个字节有 8 个二进制位。各种无符号类型变量所占的内存空间字节数与相应的有符号变量相同。有符号变量由于最高位用来表示符号,最大只能表示 32767;而无符号整形变量表示的最大值是 65535。

3. 源程序

```
#include <stdio.h>
int main()
{
    int a,b;              /* 定义整型变量 */
    unsigned u1,u2;            /* 定义无符号整型变量 */
    u1 = 0;           /* 赋初值 */
    a = 32767;
    b = 1+a;
    u2 = u1-1;
    printf("%d,%d\n", a, b);          /* 以整型形式输出 */
    printf("%u,%u\n", u1, u2);          /* 以无符号形式输出 */
    return 0;
```

　　　　}

4. 运行结果

运行结果：

　　32767,－32768

　　0,65535

【例 2.15】sizeof 的运用与取址运算符。

1. 问题描述

sizeof 操作符的功能是以字节形式给出其操作数的存储大小,而取址运算符为取变量的地址,本例体现两者的应用。

2. 问题分析

在程序代码中,应首先定义变量,然后利用 scanf 输入变量的值,调用 scanf( )函数时,需要知道变量的地址(第 3 章中将给出详细介绍),此时就需要用到"&"——取址运算符,这样便于使输入的数据存放到变量的存储空间中。由于不同编译系统对基本数据类型变量分配的字节数不固定,因此可以利用 sizeof 来测试系统为基本数据类型变量分配的存储空间大小。

3. 源程序

```c
#include <stdio.h>
int main(void)
{
    int i;              /* 定义整型变量 */
    float j;            /* 定义浮点型变量 */
    scanf("%d%f",&i,  &j);            /* 输入 */
    printf("%d,%f\n",i,  j);          /* 输出 */
    printf("%d,%d\n",sizeof(i),  sizeof(j));
    return 0;
}
```

4. 运行结果

运行结果：

　　3 3.3

　　3,3.300000

　　4,4

本 章 小 结

　　数据类型、运算符和表达式是构成程序的最基本部分,是学习任何一种编程语言的基础。本章介绍了 C 语言中数据类型、变量、常量、运算符和表达式等关于程序设计的基本内容,下面对本章介绍的知识做个小结,以便更好地掌握本章内容。

　　1. 在 C 语言程序中,每个变量、常量和表达式都有一个它所属的特定的数据类型。类型明显或隐含地规定了在程序执行期间变量或表达式所有可能取值的范围以及在这些值上允许进行的操作。C 语言提供的主要数据类型有：基本数据类型、构造数据类型、指针类型、空类型四大类。

C 语言中基本的数据类型如表 2-5 所示。

表 2-5　C 语言中的基本数据类型

数据类型	类型说明符	字节	数值范围
字符型	char	1	C 字符集
基本整型	int	2	$-32768\sim32767$
短整型	short int	2	$-32768\sim32767$
长整型	long int	4	$-214783648\sim214783647$
无符号型	unsigned	2	$0\sim65535$
无符号长整型	unsigned long	4	$0\sim4294967295$
单精度实型	float	4	$3/4E-38\sim3/4E+38$
双精度实型	double	8	$1/7E-308\sim1/7E+308$

2. C 语言提供了丰富的运算符来实现复杂的表达式运算。一般而言，单目运算符优先级较高，赋值运算符优先级低。算术运算符优先级较高，关系和逻辑运算符优先级较低。多数运算符具有左结合性，单目运算符、三目运算符、赋值运算符具有右结合性。各种运算符的优先级和结合性的详细内容请参考有关资料。

3. 表达式是由运算符连接常量、变量、函数所组成的式子。每个表达式都有一个值和类型。表达式求值按运算符的优先级和结合性所规定的顺序进行。

4. C 语言提供的类型转换方法有两种，一种是自动转换，一种是强制转换。自动转换：在不同类型数据的混合运算中，由系统自动实现转换，由少字节类型向多字节类型转换。不同类型的量相互赋值时也由系统自动进行转换，把赋值运算符右边的类型转换为左边的类型；强制转换：由强制转换运算符完成转换。

<h1 style="text-align:center">习　　题</h1>

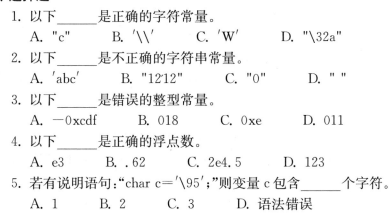

一、选择题

1. 以下_____是正确的字符常量。
   A. "c"　　　　B. ′\\′　　　　C. ′W′　　　　D. "\32a"
2. 以下_____是不正确的字符串常量。
   A. ′abc′　　　B. "1212"　　　C. "0"　　　　D. " "
3. 以下_____是错误的整型常量。
   A. -0xcdf　　B. 018　　　C. 0xe　　　D. 011
4. 以下_____是正确的浮点数。
   A. e3　　B. .62　　C. 2e4.5　　D. 123
5. 若有说明语句："char c=′\95′;"则变量 c 包含_____个字符。
   A. 1　　B. 2　　C. 3　　　D. 语法错误

6. 语句"x＝(a＝3,b＝++a);"运行后,x、a、b 的值依次为＿＿＿＿＿。
　　A. 3,3,4　　　B. 4,4,3　　　C. 4,4,4　　　D. 3,4,3

7. 语句"a＝(3/4)＋3%2;"运行后,a 的值为＿＿＿＿＿。
　　A. 0　　　B. 1　　　C. 2　　　D. 3

8. char 型变量存放的是＿＿＿＿＿。
　　A. ASCII 代码值　　　　　　　　B. 字符本身
　　C. 十进制代码值　　　　　　　　D. 十六进制代码值

9. 若有定义:"int x,a;"则语句"x＝(a＝3,a＋1);"运行后,x、a 的值依次为＿＿＿＿＿。
　　A. 3,3　　　B. 4,4　　　C. 4,3　　　D. 3,4

10. 若有定义:"int a,b; double x;"则以下不符合 C 语言语法的表达式是＿＿＿＿＿。
　　A. x%(−3)　　　B. a+=−2　　　C. a=b=2　　　D. x=a+b

11. 以下结果为整数的表达式(设有"int i;char c;float f;")＿＿＿＿＿。
　　A. i+f　　　B. i∗c　　　C. c+f　　　D. i+c+f

12. 以下不正确的语句(设有 int p,q)是＿＿＿＿＿。
　　A. p∗=3;　　　B. p/=q;　　　C. p+=3;　　　D. p&&=q;

13. 设 n＝10,i＝4,则赋值运算 n%=i+1 执行后,n 的值是＿＿＿＿＿。
　　A. 0　　　B. 3　　　C. 2　　　D. 1

14. 下列四个选项中,不是 C 语言标识符的选项是＿＿＿＿＿。
　　A. 1define　　　B. ge　　　C. lude　　　D. while

15. 设 char ch;以下正确的赋值语句是＿＿＿＿＿。
　　A. ch=′123′　　　B. ch=′\xff′　　　C. ch="\08"　　　D. ch="\";

二、填空题

1. 在 C 语言中,写一个十六进制的整数,必须在它的前面加上前缀＿＿＿＿＿。

2. 在 C 语言中,以＿＿＿＿＿作为一个字符串的结束标记。

3. 字符串"hello"的长度是＿＿＿＿＿。

4. 设 a 为 short 型变量,描述"a 是奇数"的表达式是＿＿＿＿＿。

5. 若有定义:"int a＝5,b＝2,c＝1;"则表达式 a−b<c||b==c 的值是＿＿＿＿＿。

6. 表达式"20<x≤60",用 C 语言正确描述是＿＿＿＿＿。

7. 若有定义:"float x=3.5;int z=8;"则表达式 x+z%3/4 的值为＿＿＿＿＿。

8. 若有定义:"int a=1,b=2,c=3,d=4,x=5,y=6;",则表达式 (x=a>b)&&(y=c>d) 的值为＿＿＿＿＿。

9. 表达式 a=1,a+=1,a+1,a++ 的值是＿＿＿＿＿。

10. 若有变量说明语句:"int w=1,x=2,y=3,z=4;",则表达式 w>x? w:z>y? z:x 的值是＿＿＿＿＿。

三、编程题

1. 已知梯形的上底 a＝2,下底 b＝6,高 h＝3.6,求梯形的面积。

2. 输入秒数,将它按小时、分钟、秒的形式来输出。例如输入 24680 秒,则输出 6 小时 51 分 20 秒。

第3章 顺序结构程序设计

【内容概述】

C 语言的简单语句、复合语句、空语句,基本输入输出函数。

【学习目标】

通过本章的学习,理解顺序结构程序执行的方式,掌握简单语句、复合语句、空语句的格式,掌握字符输入函数、字符输出函数、格式输入函数、格式输出函数的使用。

3.1 C 语言的语句

一个 C 语言程序由若干个源程序文件组成,一个源文件由若干个函数和预处理命令及全局变量声明部分组成,一个函数由数据声明部分和执行语句部分组成,所以 C 程序的功能主要由执行语句来实现。可执行语句通过向计算机系统发出操作指令,以完成对数据的加工计算和流程控制。C 语言的语句通常分为以下五类。

1. 表达式语句

表达式语句由一个表达式和分号";"组成。执行表达式语句就是计算表达式的值。其一般形式为:

表达式;

在表达式语句中,最常见的是赋值语句。

例如:

    a＝10;   / * 将 10 赋值给变量 a * /
    x＝y＋z;   / * 将 y 与 z 的和赋值给变量 x * /

表达式与表达式语句是完全不同的,表达式没有分号,任何 C 语句都必须在最后添加分号,任何一个表达式加上一个分号都可以组成 C 语句。

例如:

    i＋＋   / * 表达式 * /
    i＋＋;   / * 表达式语句 * /

2. 函数调用语句

函数调用语句由函数名、实参列表和分号";"组成。其一般形式为:

函数名(实参列表);

例如:

    printf("This is a C Program. \n");   / * 调用库函数,输出字符串"This is a
                                              C Program", * /
    max(a,b);   / * 调用自定义的 max 函数 * /

3. 控制语句

控制语句用于控制程序的流程,以实现程序的各种结构。C 语言有九种控制语句,可以分成以下三类：

(1) 条件判断语句。

if 语句、switch 语句。

(2) 循环执行语句。

do while 语句、while 语句和 for 语句。

(3) 转向语句。

break 语句、continue 语句、return 语句、goto 语句。

注意：因 goto 语句不利于结构化程序设计，它会使程序流程无规律、可读性差，所以此语句应尽量少用。

4. 复合语句

把多个 C 语句用花括号"{}"括起来组成一个语句，称为复合语句。

例如：

if(a>b)

{

    t=a;

    a=b;

    b=t;

}

复合语句在语法上和其他单一语句相同，使用单一语句的地方也可以使用复合语句。复合语句可以嵌套，即复合语句中也可以出现复合语句。复合语句增强了 C 语言的灵活性，同时可以按层次使变量作用域局部化，使程序具有模块化结构。

5. 空语句

空语句是仅有一个";"组成的语句。空语句不执行任何操作。通常情况下，在循环语句中使用空语句提供一个不执行任何操作的空循环体。

例如：

    while(getchar()! ='\n')

    ;

该循环语句的功能是从键盘输入一个字符，只要从键盘输入的字符不是回车换行('\n')，则继续输入，直到输入的字符是回车换行结束。

3.2　标准输入/输出函数

数据输入是通过计算机外部设备把数据送入计算机内部的操作，常见的是从键盘输入数据。数据输出是把计算机内部的数据输送到外部设备的操作，常见的是把数据输出显示在屏幕上或打印出来。

C 语言没有输入/输出语句，所有数据输入/输出操作都是通过调用 I/O 系统的标准库函数来实现的。C 语言的 I/O 系统包括很多函数，I/O 函数的头文件是 stdio. h。

在调用 C 语言的标准输入/输出库函数时，需要先用预处理命令♯include 将标准输入/输出(Standard Input & Output)头文件 stdio. h 包含进来，即在程序开始位置加入预处理命令♯include〈stdio. h〉(关于预处理命令将在第 8 章中详细介绍)。

注意:在 VC++6.0 环境下,编译器默认将 stdio. h 文件直接包含在内,因此实际上在源程序中可以不用包含该预编译命令,但是一般加上该预编译命令可以养成很好的编译习惯。

3.2.1　格式化输出函数 printf()

格式化输出函数 printf()的功能是按控制字符串指定的格式,向标准输出设备(一般为显示器)输出指定的输出项。

1. printf( )函数的调用形式

printf()函数的调用形式为:

printf("格式控制字符串",输出项列表);

其中:

(1) 输出项列表可以是常量、变量、表达式,其类型与个数必须与控制字符串中的格式字符的类型、个数一致,多个输出项之间用逗号分隔。

(2) 格式控制字符串必须用双引号括起来,由格式说明和普通字符两部分组成。普通字符在执行时按原样输出,一般起到提示作用。格式说明是以"%"开始,由"%"和格式字符组成,其作用是将输出列表中的数据按指定格式输出。

例如:

int a = 3 , b = 4 ;

printf("a = %d , b = %d", a , b);

运行结果:a = 3 , b = 4

其中,普通字符"a="、","、"b="原样输出;格式说明"%d"按有符号十进制整数形式输出变量 a、b 的值,即 3 和 4。

2. 格式字符

格式字符主要用来说明输出数据的类型、形式、宽度、小数位数等。格式说明的一般形式为:

%[〈修饰符〉]格式字符,printf()函数常用的格式字符如表 3-1 所示。

表 3-1　printf( )函数的格式字符

格式字符	意　义
d 或 i	以有符号的十进制形式输出整数(正数不输出符号)
o	以无符号的八进制形式输出整数(不输出前缀 0)
x 或 X	以无符号的十六进制形式输出整数(不输出前缀 0x)
u	以无符号的十进制形式输出整数
f	以十进制的小数形式输出浮点数,默认输出 6 位小数
e 或 E	以规范化指数形式输出浮点数
g 或 G	由系统选择以%f 或%e 格式中输出宽度较短的一种形式
c	输出单个字符
s	输出字符串

在格式说明中,在%和格式字符之间还可以使用修饰符。常用的修饰符如表 3-2 所示。

表 3-2　printf( )函数的格式修饰符

修饰符	意义
−	输出结果左对齐,右边补空格
+	输出符号(正号或负号)
空格	若输出结果为正数补空格,为负数时输出负号
h	长度修饰符,表示以短整型输出
l	长度修饰符,输出长整数(%ld,%lu,%lo,%lx)或浮点型按 double 型输出(%lf,%le)
m(一个正整数)	指域宽,数据最小宽度,若实际数据宽度>m 时,以实际宽度输出
n(一个正整数)	表示输出精度,对于实数,表示输出 n 位小数;对于字符串,表示截取的字符个数
0	当域宽 m>实际数据长度时,不足数位补 0

【例 3.1】数据的格式输出。

源程序:

```c
#include <stdio.h>
int main()
{
    int a = 15;
    double b = 123.1234567;
    double c = 12345678.1234567;
    printf("a = %d,%5d,%o,%x\n",a,a,a,a);
    printf("b = %f,%5.4f,%e\n",b,b,b);
    printf("c = %f,%8.4lf\n",c,c);
    return 0;
}
```

运行结果:

　　a = 15,□□□15,17,f

　　b = 123.123457 ,123.1235,1.231235e+002

　　c = 12345678.123457,12345678.1235

程序说明:

(1)第一条输出语句中"%5d"要求输出宽度为5,而 a 值15 只有两位,故前补三个空格。"17"是变量 a 数值的八进制表示,而"f"是 15 的十六进制表示。

(2)第二条输出语句中"%5.4f"指定输出宽度为5,小数位数为4,由于实际长度超过5,故应该按实际位数输出。对于"%e"表示要按指数格式输出变量 b 的值。

(3)第三条输出语句输出双精度实数,"%8.4lf"指定输出数据的小数位数为4,故截去了超过 4 位的部分,且最后一位小数按"四舍五入"的方式保留。

【例 3.2】printf 函数的应用。

```
#include <stdio.h>
int main( )
{
    unsigned int a = 65535 ;
    int b = -2 ;
    printf( "a=%d,%o,%x,%u\n" , a , a , a , a );
    printf( "b=%d,%o,%x,%u\n", b , b , b , b );
    return 0 ;
}
```

在 TC 环境下的运行结果:

a=-1,177777,ffff,65535

b=-2,177776,fffe,65534

程序说明:

a 为无符号整型变量,赋值为 65535 后,在内存中存储为"1111111111111111"。当变量 a 以"%d"格式输出时,是作为有符号数输出。根据补码规则,"1111111111111111"是 -1 的补码,因此输出为 -1。

【例 3.3】字符串数据的输出。

源程序:

```
#include <stdio.h>
int main()
{
    printf("%3s,%7.2s,%.4s,% -5.3s\n","CHINA","CHINA","CHINA","CHINA");
    return 0 ;
}
```

运行结果:

CHINA,□□□□□CH,CHIN,CHI□□

程序说明:

(1) 以"%3s"的格式输出字符串"CHINA"时,因为指定的宽度小于字符串的实际宽度,此时将按照字符串的实际宽度输出。

(2) 类似于"%m.ns"的格式,表示输出占 m 列,但只取字符串中左端的 n 个字符,如果 m<n,则取 m=n,以保证 n 个字符的正常输出。因此以"%7.2s"的格式输出字符串"CHINA"时,只输出"CH",左补空格;以"%.4s"的格式输出字符串"CHINA"时,取字符串的左边四个字符输出。

(3) 以"%-5.3s"的格式输出字符串"CHINA"时,取字符串左边 3 个字符,且右补空格。

3.2.2 格式化输入函数 scanf()

scanf()是标准 I/O 库中的格式输入函数,它是一个标准库函数,使用之前同样需要包含头文件"stdio.h"。该函数的功能:按规定格式从键盘输入若干任何类型的数据给变量地址所指定的空间。

1. scanf()函数的一般形式

scanf()函数的一般形式为:

scanf("格式控制字符串",地址表列);

其中:

(1) 地址表列是各输入变量的地址或字符数组的首地址等。变量的地址是由地址运算符(&)加变量名组成。例如,&a、&b、&c 分别表示变量 a、b、c 的地址。其中 & 符号表示取变量的地址。多个变量地址之间用逗号隔开,例如,"scanf("%d%d%d",&a,&b,&c);"。

(2) 格式控制字符串包括格式说明和普通字符两部分,用于控制输入数据的类型、个数、间隔符等。格式说明以"%"字符开始,由%和格式字符共同组成,用于指定格式进行数据输入。例如:"%d","%f"等。普通字符必须按原样输入。

(3) 输入数据一般以空格进行分隔,也可以用回车键(Enter、↙)或制表键(跳格键、Tab)。例如,对于"scanf("%d%d%d",&a,&b,&c);"语句,以下三种输入方式均是正确的。

① 3　4　5↙

② 3↙

     4　5↙

③ 3(按 tab 键)4↙

2. 格式字符

以%开头,以一个格式字符为结束,中间可以插入格式修饰符,如 l、h、* 等。格式字符如表 3-3 所示,格式修饰符如表 3-4 所示。

表 3-3　scanf()中常见的格式符号及意义

格式字符	意义
d 或 i	输入有符号的十进制整数
o	输入无符号的八进制整数
x 或 X	输入无符号的十六进制整数(大小写相同)
u	输入无符号的十进制整数
f	以小数形式或指数形式输入浮点数
e,E,g,G	与 f 相同
c	输入单个字符
s	输入字符串。将字符串送到一个字符数组中,在输入时以非空格字符开始,以第一个空格字符结束。字符串末尾自动添加'\0'作为字符串结束标志。

表 3-4　scanf( )函数的格式修饰字符

格式字符	意义
l	用于输入长整型数据(%ld、%lo、%lx、%lu)或双精度浮点数(%lf、%le)
h	用于输入短整型数据(%hd、%ho、%hx)
域宽	指定输入数据所占宽度(列数),域宽为正整数
*	表示按规定格式输入但不赋给相应变量,作用是跳过相应数据。

说明:

(1) 长度。长度格式符为 l 和 h,l 表示输入长整型数据(如%ld) 和双精度浮点数(如%lf);h 表示输入短整型数据。

(2) 域宽。用十进制整数指定输入的宽度(即字符数)。

例如:"scanf("%5d",&a);"。

输入,12345678,只把 12345 赋予变量 a,其余部分被截去。

例如:"scanf("%4d%4d",&a,&b);"。

输入,12345678,将把 1234 赋予 a,而把 5678 赋予 b。

(3) "＊"符。用以表示该输入项读入后不赋予相应的变量,即跳过该输入值。

例如:"scanf("%d %＊d %d",&a,&b);"

当输入为:1 2 3 时,把 1 赋予 a,2 被跳过,3 赋予 b。

3. 使用 scanf( )函数时应注意的问题

(1) "地址列表"中的变量名前必须要有 & 符号(取地址运算符)。

例如:"scanf("%d,%f",a,f);"中变量 a,f 前未加 &,运行时会出现错误。

(2) 在 scanf()函数的格式字符前可以加一个整数来指定数据所占的宽度,但是不可以对浮点数指定小数的精度。

例如:"scanf("%8.2f",&a);"是错误的。

(3) 如果"格式控制"字符串中除了格式说明以外,还有其他字符,则在输入数据时应输入与这些字符相同的字符。

例如:

  int a , b ;

  scanf("%d , %d" , &a , &b) ;

  正确的输入:"3,4↙"。

(4) 用"%c"格式输入字符时,空格字符和"转义字符"都作为有效字符输入。

例如:

  scanf("%c%c%c" , &c1 , &c2 , &c3) ;

  输入:a b c↙

分析:字符'a'赋值给 c1,' '(空格字符)赋值给 c2,字符'b' 赋值给 c3。如果希望变量 c1、c2、c3 的值分别为'a'、'b'、'c',则输入应该为"abc ↙",这是因为%c 只能接收一个字符,所以'a'、'b'、'c'之间无需加空格进行分隔。

(5) 在输入数据时,遇到以下情况则认为一个数据输入结束。

① 遇到空格键、回车键、制表键。

② 按指定的宽度结束,如"%3d",只取 3 列。

③ 遇到非法输入。

【例 3.4】用 scanf 函数接收从键盘输入的数据。

源程序:

```c
#include <stdio.h>
int main()
{
    int x,y,z,a,b,c;
    printf("请输入 x,y,z\n");
    scanf("%d%d%d",&x,&y,&z);
    printf("请输入 a,b,c\n");
    scanf("%d%d%d",&a,&b,&c);
    printf("你输入的数据如下:\n");
    printf("x=%d y=%d z=%d\n",x,y,z);
    printf("a=%d b=%d c=%d\n",a,b,c);
    return 0;
}
```

运行结果:

请输入 x,y,z

1□3□4

请输入 a,b,c

7□□□□8

9↙

你输入的数据如下:

x=1 y=3 z=4

a=7 b=8 c=9

程序说明:

(1) 程序用两个格式输入函数来接收变量 x,y,z 和 a,b,c 的值。

(2) 输入数据时,在两个数据之间以一个或多个空格间隔,也可以用回车键或 Tab 键。C 语言系统在编译时,如果碰到空格,Tab,回车或非法数据(如对"%d"输入"12A"时,A 即为非法数据)时即认为该数据结束。

(3) scanf 中要求给出变量地址,如给出变量名则会出错。

【例 3.5】用 scanf 函数实现字符数据的输入。

源程序:

```c
#include <stdio.h>
int main()
{
    int ch1,ch2,ch3;
```

```
        printf("请输入三个字符:\n");
        scanf("%c%c%c",&ch1,&ch2,&ch3);
        printf("ch1=%c,ch2=%c,ch3=%c\n ",ch1,ch2,ch3);
        return 0;
}
```

运行结果：

请输入三个字符：

A□B□C↙

ch1=A,ch2=□,ch3=B

程序说明：

(1) "scanf("%c%c%c",&ch1,&ch2,&ch3);"是要求输入三个字符变量的值。

(2) 在输入字符数据时，若格式控制串中无非法格式字符，则认为所有输入的字符均为有效字符。

例如："scanf("%c%c%c",&ch1,&ch2,&ch3);"。

输入为：A□B□C

则把'A'赋予 ch1，空格赋予 ch2，'B'赋予 ch3。只有当输入为：ABC 时，才能把'A'赋予 ch1，'B'赋予 ch2，'C'赋予 ch3。如果在格式控制中加入空格作为间隔，则输入时各数据之间可加空格。

例如："scanf ("%c %c %c",&ch1,&ch2,&ch3);"。

3.3.3　字符输入输出函数

字符输入输出函数 getchar()与 putchar()是标准库函数，在使用时程序前面应包含预编译命令"#include〈stdio.h〉"。

1. 字符输入函数 getchar()

getchar()函数调用形式如下：

变量=getchar()，

函数没有参数。

getchar()函数功能：从键盘读取字符，并赋值给字符变量。当执行此函数调用时，将返回一个从键盘输入的字符。

【例 3.6】getchar 函数的应用。

源程序：

```
#include〈stdio.h〉
int main( )
{
        char ch1,ch2;
        printf( "Please input:\n" );
        ch1 = getchar( );
```

```
    ch2 = getchar( );
    printf( "%c,%d\n", ch1,ch1 );
    printf( "%c,%d\n", ch2,ch2 );
    return 0;
}
```

运行结果：

Please input：

Aa↙

A,65

a,97

程序说明：

(1) ↙表示按回车键，只有按回车键才能将字符送到内存变量中。

(2) 输入字符时，前后不能加单、双引号，否则程序会将引号作为输入的字符。

(3) 当多次使用 getchar( )输入时，并不是在键盘上每按一个字符就会立刻完成一个字符输入，必须要按回车键才进行输入操作。

(4) 65 是字符'A'的 ASCII 码的值，97 是字符'a'的 ASCII 码的值。小写字符和对应的大写字符的 ASCII 码的值相差 32。

2. 字符输出函数 putchar( )

putchar( )函数调用形式如下：

```
    putchar(ch);
```

其中，ch 可以是字符型常量、整型变量或整型表达式。

功能：向标准输出设备(一般为显示器)输出一个字符。

【例 3.7】putchar( )函数的应用。

源程序：

```
#include <stdio. h>
int main( )
{
    char a, b, c;
    a = 'C'; b = 'A'; c ='T';
    putchar(a); putchar(b); putchar(c); putchar('\n');
    putchar('\"'); putchar('\101'); putchar('B'); putchar('c'); putchar('\"');
    putchar('\n');
    return 0;
}
```

运行结果：

CAT

"ABc"

3.3　程　序　举　例

【例 3.8】圆柱体积和表面积的计算。

1. 算法分析

若想求解这个问题,必须知道圆柱体积和表面积的计算公式:

$$V = \pi r^2 h$$
$$S = 2\pi rh + 2\pi r^2$$

其中 r 表示圆柱的底面半径;h 表示圆柱的高;V 表示体积;S 表示表面积。

因此,需要用户输入两个变量的值,输出圆柱的体积和表面积。

2. 设计思想

(1) 定义 4 个变量,分别表示圆柱的底面半径、高、体积和表面积。

(2) 输入半径和高。

(3) 根据公式,计算体积和表面积。

(4) 输出体积和表面积。

3. 源程序

```
/* ex3.8.C:计算圆柱的体积和表面积 */
#include <stdio.h>
int main()
{
    double pi;      /* 定义表示圆周率值的变量 */
    double r,h,V,S;      /* 定义表示半径/高/体积/表面积的变量 */
    pi=3.1415;      /* 圆周率赋值 */
    printf("请输入半径和高:\n");
    scanf("%lf%lf",&r,&h);      /* 输入半径和高 */
    V=pi*r*r*h;      /* 计算体积 */
    S=2*pi*r*h+2*pi*r*r;      /* 计算表面积 */
    printf("体积:    %6.2lf\n",V);      /* 输出体积 */
    printf("表面积:    %6.2lf\n",S);      /* 输出表面积 */
    return 0;
}
```

4. 运行结果

请输入半径和高 2□2

体积:□□□□25.13

表面积:□□□□50.26

【例 3.9】求解一元二次方程的实根。

1. 算法分析

若想求解这个问题,必须知道方程求根的方法:

$$x_1, x_2 = \frac{-b \pm \sqrt{b^2 - 4ac}}{2a}, 这里可以设 \; p = -\frac{b}{2a}, q = \sqrt{b^2 - 4ac}$$

那么,可以得到:$x_1 = p + q, x_2 = p - q$。

因此,需要用户输入三个变量(a、b、c)的值,输出方程的两个根。

2. 设计思想

(1) 定义变量。定义 5 个变量,分别表示方程的系数 a、b 和 c,以及方程的两个根 $x1$、$x2$。

(2) 输入三个系数。

(3) 根据公式,求出两个方程根。

(4) 输出两个方程根。

3. 源程序

```
/* ex3.9.C:求一元二次方程的实根 */
#include <math.h>
#include <stdio.h>
int main()
{
    double a,b,c,x1,x2,p,q;
    printf("请输入方程的系数:\n");
    scanf("a=%lf,b=%lf,c=%lf",&a,&b,&c);
    p=-b/(2*a);
    q=sqrt(b*b-4*a*c)/(2*a);        /* sqrt()是求平方根的函数 */
    x1=p+q;x2=p-q;
    printf("求得的方程的根如下:\n");
    printf("x1=%5.2lf\nx2=%5.2lf\n",x1,x2);
    return 0;
}
```

4. 运行结果

请输入方程的系数:

a=3,b=4,c=1

求得的方程的根如下:

x1=-0.33

x2=-1.00

5. 程序说明

(1) math.h 是常用数学计算的库函数,因为该程序用到的求平方根函数 sqrt(),所以此程序将这个库函数包含进来。

(2) 在程序运行进行输入时一定按照 scanf 函数的格式要求进行输入,否则就会出现错误。

本 章 小 结

本章主要介绍顺序结构程序执行的方式,简单语句、复合语句、空语句的格式,格式输入函数、格式输出函数、字符输入函数、字符输出函数等。

1. C 语言的标准输入输出函数包含在库函数"stdio. h"中。

2. 输入/输出函数是通过调用库函数"stdio. h"完成的。printf()函数通过格式字符控制很多格式的文本输出。scanf()函数接收变量的值时,要注意输入格式与类型必须完全一致,否则会导致变量取值不正确。

3. getchar 函数和 putchar 函数是字符输入输出函数,每次只能接收一个字符,字符输入函数只有按回车键才能将字符送到内存变量中。

4. "格式控制字符串"是格式输入输出函数中的重要内容,是决定数据能否正确接收和显示的关键。

习　　题

一、选择题

1. 设有定义"int a; char c;"执行输入语句"scanf("%d%d",&a,&c);"时,若要求 a 和 c 得到的值为 10 和'Y',正确的输入方式是＿＿＿。
   A. 10,Y　　　　B. 10. Y　　　　C. 10Y　　　　D. 10 Y

2. 设有定义:"long x = 123456L;",则以下能够正确输出变量 x 值的语句是＿＿＿＿。
   A. printf("x=%d\n" , x);　　　　B. printf("x=%ld\n" , x);
   C. printf("x=%8dL\n" , x);　　　　D. printf("x=%LD\n" , x);

3. 以下程序段输出的结果是＿＿＿＿。
   int x=023;printf("%d",x);
   A. 19　　　　B. 18　　　　C. 23　　　　D. 22

4. 已知"char a = '\101' ;"则语句"printf("%3d" , a);",执行后的输出结果为＿＿＿＿。
   A. 65　　　　B. 'A'　　　　C. □65　　　　D. 101

5. 已知 a、b、c 为 int 类型,执行语句:"scanf("a=%d, b=%d, c=%d" , &a , &b , &c);",若要使得 a 为 1,b 为 2,c 为 3。则以下选项中正确的输入形式是＿＿＿＿。
   A. a=1　　　　B. 1, 2, 3　　　　C. a=1, b=2, c=3　　　　D. 1 2 3

6. 阅读以下程序,当输入数据的形式为:25,13,10<CR>,正确的输出结果为＿＿＿＿。

```
int  main()
{ int x,y,z;   scanf("%d%d%d",&x,&y,&z);
printf("x+y+z=%d\n",x+y+z);
return 0;}
```

   A. x＋y＋z＝48   B. x＋y＋z＝35

   C. x＋z＝35   D. 不确定值

7. 以下针对 scanf() 函数的叙述中,正确的是_____。

   A. 输入项可以为实型常量,如 scanf("%f", 3.5);

   B. 只有格式控制,没有输入项,也能进行正确输入,如 scanf("a＝%d, b＝%d");

   C. 当输入实型数据时,格式控制部分应规定小数点后的位数,如:scanf("%4.2f", &f);

   D. 当输入数据时,必须指明变量的地址,如 scanf("%f", &f);

8. 有以下程序:

```
#include <stdio.h>
int main()
{
    char c1 = '1', c2 = '2';
    c1 = getchar(); c2 = getchar();
    putchar(c1); putchar(c2);
}
```

当运行时输入 a<CR> 后,以下叙述正确的是_____。

   A. 变量 c1 被赋予字符 a,c2 被赋予回车符

   B. 程序将等待用户输入 2 个字符

   C. 变量 c1 被赋予字符 a,c2 中仍是原有字符 2

   D. 变量 c1 被赋予字符 a,c2 中将无确定值

9. 已知"char c1='b',c2='f';",则语句"printf("%d,%c",c2-c1,c2-32);",输出结果是_____。

   A. 3,f   B. 4,F   C. 3,F   D. 4,f

10. 根据定义和数据的输入方式,输入语句的正确形式为_____。

已有定义:float f1,f2;

数据的输入方式:4.52

              3.5

   A. scanf("%f,%f", &f1,&f2);   B. scanf("%f%f", &f1,&f2);

   C. scanf("%3.2f%2.1f", &f1,&f2);   D. scanf("%3.2f,%2.1f", &f1,&f2);

二、填空题

1. 变量 i 为整型变量,若有语句"scanf("4d",i);",在执行时输入 12345678,则 i 的值为_____。

2. 已知"double f = 123.467;",则执行语句"printf("%.2f\n", f);",输出结果是_____。

3. 已知字符'A'的 ASCII 值为十进制 65,变量 c 为字符型,则执行语句"c='A'+'6'-'3'; printf("%c\n", c);",输出结果是_____。

4. scanf() 函数在输入数据时默认的分隔符有_____、Tab、空格。

5. 已知:"int i = 10 , j = 1 ;",则执行语句"printf("%d,%d" , i++ , ++j) ;"
后,输出结果_____。

三、程序阅读题

1. 下面程序的运行结果是_____。

```
#include <stdio. h>
int main( )
{
  int m = 177;
  printf( "%o\n" , m );
  return 0;
}
```

2. 下面程序的运行结果是_____。

```
#include <stdio. h>
int main( )
{
  int n = 1;
  n += ( n = 5);
  printf( "%d\n", n );
  return 0 ;
}
```

3. 下面程序的运行结果是_____。

```
#include <stdio. h>
int main( )
{
    int a = 101 , b = 017;
    printf( "%2d,%2d\n" , a , b );
    return 0;
}
```

4. 下面程序的运行结果是_____。

```
#include <stdio. h>
int main( )
{
    printf( " * %f,%4. 3f * \n" , 3. 14 , 3. 1415 );
    return 0;
}
```

5. 下面程序的运行结果是_____。

```
#include <stdio. h>
int main( )
{
```

```
    char c = 'a';
    printf( "c:dec=%d,oct=%o,hex=%x,ASCII=%c\n" , c , c , c , c );
    return 0;
}
```

6. 下面程序的运行结果是_____。

```
#include 〈stdio. h〉
int main( )
{
    int n = 100;
    char c;
    float f = 10. 0;
    double x;
    x = f *= n /= ( c = 48 );
    printf( "%d %d %3. 1f %3. 1f\n" , n , c , f , x );
    return 0;
}
```

7. 下面程序的运行结果是_____。

运行时从键盘输入:10AB〈CR〉

```
#include 〈stdio. h〉
int main( )
{
    int k = 1 ; char c1 = 'a' , c2 = 'b';
    scanf("%d%c%c" , &k , &c1 , &c2 );
    printf( "%d,%c,%c\n" , k , c1 , c2 );
    return 0;
}
```

8. 有以下程序,若运行时输入:18〈CR〉,程序运行结果是_____。

```
#include 〈stdio. h〉
int main( )
{
    char ch1,ch2;
    int num1,num2;
    ch1=getchar();
    ch2=getchar();
    num1=ch1-'0';
    num2=num1*10+(ch2-'0');
    printf("%d,%d\n",num1,num2);
    return 0;
}
```

四、编程题

1. 编写一个程序,读入一个大写字母,输出与之相对应的小写字母及其 ASCII 码值。

2. 编写一个程序,实现华氏温度到摄氏温度的转换。要求输入一个华氏温度,输出对应的摄氏温度(结果保留 2 位小数)。转换公式为:

$$摄氏温度 = \frac{5}{9}(华氏温度 - 32)$$

3. 编写一个程序,输入一个三位数,分别求出这个三位数的个位、十位和百位上的数。

第4章 选择结构程序设计

【内容概述】

本章主要介绍：单分支选择结构，双分支选择结构，多分支选择结构，选择结构嵌套，if 语句结构和 switch 语句结构。

【学习目标】

通过本章的学习，了解选择结构程序设计的概念，理解选择结构的程序流程，掌握 if 语句实现选择结构的方法，switch 语句实现多分支选择结构的方法，break 语句的使用。

4.1 if 语 句

选择结构（分支结构）是程序设计三种基本结构之一。选择结构用于判断给定的条件，然后根据判断结果控制程序的流程。选择结构中的条件通常是逻辑表达式或关系表达式。

选择结构主要有三种形式，分别为单分支选择结构、双分支选择结构和多分支选择结构，C 语言提供了 if 语句和 switch 语句两种分支结构的语句。if 语句可以实现单分支选择结构，if-else 语句可以实现，双分支选择结构和多分支选择结构，条件判断语句可以嵌套。switch 语句又叫开关语句，属于一种多分支结构。

4.1.1 单分支 if 语句

1. 单分支 if 语句的一般形式

单分支 if 语句的一般形式为：

if(表达式)

    语句

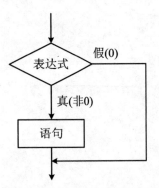

图 4-1　单分支 if 语句流程图

单分支 if 语句的执行流程图如图 4-1 所示。其流程图是一个单入口/单出口的控制结构。

2. 单分支 if 语句的功能

若表达式的值为真（非 0 值），则执行其后语句，否则不执行该语句。

3. 说明

（1）表达式必须是条件表达式，用于判断条件。表达式必须用括号"{}"括起来。

（2）语句称为 if 子句，若 if 子句含有多个语句（两个或以上），则必须使用复合语句。

（3）标准 C 没有定义布尔类型的数据，处理真假的原则为:表达式的值为非零时为真,表达式值为零值时为假。例如,"if(1) printf("TRUE\n");",其中表达式的值是常数 1,值为非 0,所以表达式为真,输出 TRUE。

【例 4.1】输入三个数,要求按由小到大的顺序输出。

源程序:

```c
#include <stdio.h>
int main( )
{
    float a , b , c, temp ;        /* 变量 temp 是中间变量,用于暂存交换的两个变量 */
    printf( "Please input three numbers:" ) ;
    scanf( "%f%f%f" , &a , &b, &c ) ;
    if (a>b )
        {
            temp=a;
            a=b;
            b=temp;
        }      /* a,b 交换,a 是 a,b 中较小的 */
    if ( a>c )
        {
            temp=a;
            a=c;
            c=temp;
        }      /* a 是 a,b,c 中最小的 */
    if ( b>c )
        {
            temp=b;
            b=c;
            c=temp;
        }      /* b 是 a,b,c 中次小的 */
    printf( "%5.2f,%5.2f,%5.2f\n" , a,b,c ) ;
    return 0 ;
}
```

运行结果:

Please input three numbers:8　16　3 ↙

□3.00,□8.00,16.00

思考:请问能否用第 3 章学过的条件运算符(?:)来实现此功能呢? 如何实现?

4.1.2　双分支 else 语句

1. 双分支 if 语句的一般形式

双分支 if 语句的一般形式为：

if(表达式)

　　语句 1

else

　　语句 2

双分支 else 语句的执行流程图如图 4-2 所示。

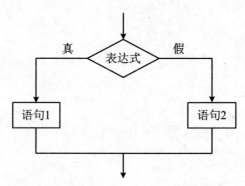

图 4-2　双分支 else 语句流程图

2. 双分支 else 语句的功能

若表达式的值为真（非 0 值），则执行语句 1，若表达式的值为假（0 值），则执行语句 2。

3. 说明

（1）双分支 else 语句表达式的含义与单分支 if 语句相同。

（2）语句 1 为 if 语句的子句，语句 2 为 else 语句的子句，分别为 if 和 else 的目标语句。目标语句可以是一条语句、复合语句或空语句。

（3）else 子句是 if 语句的一部分，不能作为语句单独使用，必须与 if 配对使用。

【例 4.2】求绝对值。

$$y = \begin{cases} x & （当 x \geqslant 0 时）\\ -x & （当 x \leqslant 0 时）\end{cases}$$

源程序：

```c
#include <stdio.h>
int main( )
{
    int x , y ;
    printf( "Please input:\n", ) ;
    scanf( "%d" , &x ) ;
    if( x >= 0 )
```

```
        y = x ;
    else
        y = -x ;
    printf( "y=%d\n" , y ) ;
    return 0 ;
}
```

运行结果：

Please input：

-10 ↙

y=10

注意：if 和 else 后面的目标语句一般另起一行，缩进对齐，在这里可以按 TEL 键，可以保证相同的缩进，这是一个良好的编程习惯。

想一想前面学过的哪一个运算符功能与此类似？

4.1.3　多分支 if 语句

1. 多分支 if 语句的一般形式

多分支 if 语句一般采用 if-else-if 语句的格式。其一般形式为：

if(表达式 1)　语句 1

else if(表达式 2)　语句 2

else if（表达式 3）　语句 3

……

else if（表达式 n）　语句 n；

else　语句 n+1；

2. 多分支 if-else-if 语句的执行过程

从上到下，依次判断表达式的值，若某个表达式的值为真（非 0 值）时，就执行其对应的语句，然后跳到 if-else-if 语句之后继续执行。若所有的表达式全为假，则执行语句 n+1，然后跳到 if-else-if 语句之后继续执行。

【例 4.3】输入一个字符，并判断输入字符是字母、数字，还是其他字符。

源程序：

```
#include <stdio. h>
int main( )
{
    char c；
    printf("Please input a character：");
    c=getchar( );
    if((c>='A'&&c<='Z')||(c>='a'&&c<='z'))
        printf("input character is letter\n");
    else if(c>='0'&&c<='9')
```

```
        printf("input character is digit\n");
    else
        printf("other character\n");
    return 0;
}
```

运行结果：

Please input a character:C↙

input character is letter

3. 使用 if 语句时应注意的问题

（1）if 语句之后的表达式是判断的"条件"，它不仅可以是逻辑表达式或关系表达式，还可以是其他任何类型的表达式，例如：赋值表达式、一个变量等。

例如：

"if(x==0)　x++;"语句判断变量 x 是否为 0，如果等于 0 则执行"x++;"语句。

"if(x=0)　x++;"语句没有语法错误，但其含义与上面语句含义完全不同。"x=0"为赋值表达式，该赋值表达式的值为 0，所以该语句选择条件永远不成立，也不会执行"x++;"语句，而且变量 x 原来的值被覆盖，执行完 x 被赋值为 0。

（2）if 语句中，作为选择条件的表达式必须用括号括起来。

（3）if 语句和 else 语句后面跟的语句可以是 C 语言五种语句中的任何一种语句（控制语句、函数调用语句、表达式语句、空语句、复合语句）。如果 if 语句后面还是 if 语句，通常称为 if 语句的嵌套形式。

4.1.4　嵌套 if 语句

在多分支 if 语句中，C 语言允许在 if 或 if-else 中的"语句 1"或"语句 2"中再使用 if 或 if-else 语句，这种语句称为嵌套 if 语句。

if 语句的嵌套中，else 部分总是与前面最靠近的、还没有配对的同一个复合语句中的 if 语句配对。为避免匹配错误，最好将内嵌的 if 语句，一律用花括号括起来，而且将相互配对的 if-else 语句前后对齐。

【例 4.4】用嵌套的 if 语句计算分段函数：

$$y = \begin{cases} 1 & (x > 0) \\ 0 & (x = 0) \\ -1 & (x < 0) \end{cases}$$

源程序：

```
#include <stdio.h>
int main()
{
    int x, y;
    printf("Please input:");
    scanf("%d", &x);
```

```
    if ( x ! = 0 )
        if ( x > 0 )   y = 1 ;
        else   y = − 1 ;
    else
        y = 0 ;
    printf ( "y=%d\n " , y ) ;
    return 0 ;
}
```

运行结果(运行 3 次)：

Please input：5 ↙

y＝1

Please input：0 ↙

y＝0

Please input：−10 ↙

y＝−1

【例 4.5】输入三个整数，输出最大数和最小数。

程序分析：

输入 3 个数分别赋值给变量 a、b、c。比较 a,b 的大小，较大的数赋值给变量 max，较小的数赋值给变量 min。此时，max 中是 a,b 两数中较大的数，min 中是 a,b 两数中较小的数。然后再与 c 比较，若 max 小于 c，则把 c 赋值给 max；如果 c 小于 min，则把 c 赋值给 min。因此，max 存储了最大数，min 存储了最小数。输出 max 和 min 的值。

源程序：

```
#include <stdio. h>
int main( )
{
    int a , b , c , max , min ;
    printf( "Please input three numbers：" ) ;
    scanf( "%d%d%d" , &a , &b , &c ) ;
    if( a > b )
    {
        max = a ;
        min = b ;
    }
    else
    {
        max = b ;
        min = a ;
    }
    if( max < c )
```

```
        max = c ;
    else
        if( min > c )
            min = c ;
        printf( "max=%d\nmin=%d\n" , max , min ) ;
        return 0 ;
}
```

运行结果：

```
Please input three numbers：6 15 10 ↙
max=15
min=10
```

4.2 switch 语 句

一条 if 语句只能进行两种分支情况的选择，如果出现多分支的情况，只能使用多重嵌套的 if 语句实现，当嵌套的分支语句较多时，程序会变得复杂冗长，可读性降低。为了解决这个问题，C 语言提供了多重选择的 switch 语句处理多分支问题，使程序变得简洁。

4.2.1 switch 语句的基本语法

1. switch 语句的一般形式

switch 语句是一种多分支开关语句，语句的一般形式为：

```
switch(表达式)
{
    case 常量表达式 1：    语句组 1；[break;]
    case 常量表达式 2：    语句组 2；[break;]
    ……
    case 常量表达式 n：    语句组 n；[break;]
    default：    语句组 n+1；[break;]
}
```

2. switch 语句的执行过程

先计算表达式的值，将该值从上到下依次与 case 后面的常量表达式的值进行比较，如果表达式的值和某个常量表达式的值相等，则执行该 case 语句及后面的语句组，直到遇到 break 语句才退出 switch 语句。如果表达式的值和所有常量表达式的值都不相等，则执行 default 语句，若没有 default 语句，则不执行任何操作，转向 switch 后面的语句继续执行。

3. 说明

（1）switch 后面括号内的表达式必须是整型或字符型表达式。如果 case 后面是常量表达式(整型常量表达式，字符常量表达式，枚举表达式)，则不能含有变量。

（2）常量表达式 1~n 应与 switch 后面的表达式类型相同，且各常量表达式的值必须互不相同。

（3）default 子句可以省略，也可以出现在 switch 语句的任何位置（一般 default 语句放在最后），若没有 default 分支，当表达式的值与所有常量表达式都不相同时，不执行任何操作。

（4）break 语句主要作用是控制 switch 语句的执行顺序，如果没有 break 语句，则依次向下执行 case 语句，直到遇到 break 才会跳出 switch 语句，若遇到 switch 语句的嵌套时，break 只能跳出当前一层的 switch 语句，不能跳出多层 switch 的嵌套语句。

4.2.2　switch 语句的程序举例

【例 4.6】输入某学生成绩，根据成绩给出相应评语。成绩在 90 分以上，评语为"优秀"；成绩在 70 到 89 之间评语为"良好"；成绩在 60 到 69 之间，评语为"合格"；成绩在 0 到 59 之间，评语为"不合格"。

算法分析：

设表示成绩的变量为 score，设计程序的算法步骤为：

（1）输入学生的成绩 score。

（2）将成绩整除 10 后作为 switch 语句中的表达式。

（3）根据学生的成绩输出相应的评语。

源程序：

```c
#include <stdio.h>
int main( )
{
    int score , grade ;
    printf( "Please input a score(0~100):" ) ;
    scanf( "%d" , &score ) ;
    grade = score / 10 ;       /* 将成绩整除 10 */
    switch( grade )
        {
        case  10:
        case  9:printf( "优秀\n" ) ;
                break ;
        case  8:
        case  7:printf( "良好\n" ) ;
                break ;
        case  6：printf( "合格\n" ) ;
                break ;
        case  5:
        case  4:
```

```
        case  3:
        case  2:
        case  1:
        case  0:printf( "不合格\n" ) ;
                break ;
        default:printf( "数据出界！\n" ) ;
        }
    return 0 ;
}
```

运行结果(运行 2 次)：
Please input a score(0~100):95 ↙
优秀
Please input a score(0~100):59 ↙
不合格

4.3　程序举例

【例 4.7】判断某一年是否是闰年。

1. 算法分析

(1) 功能分析。根据项目描述,就是任意输入某一年,编写程序实现输出是否为闰年的结果。

(2) 数据分析。根据功能要求,仅需要定义一个存储年份数据的变量,其定义类型为整型。

2. 设计思想

(1) 定义变量,接收需要判断的年份。

(2) 根据条件判断(闰年的条件是:年份能被 4 整除但不能被 100 整除,或者年份能被 400 整除);

(3) 输出判断结果。

3. 源程序

源程序 1：

```
#include <stdio. h>
int main( )
{
    int year , leap ;
    printf( "Please input year:" ) ;
    scanf( "%d" , &year ) ;
    if ( year % 4 == 0 )
        if( year % 100 == 0 )
            if( year % 400 == 0 )
```

```
                leap = 1 ;
            else
                leap=0 ;
        else
            leap = 1;
    else
        leap = 0 ;
    if ( leap )
        printf( "%d is " , year ) ;
    else
        printf( "%d is not " , year ) ;
    printf( "a leap year. \n" ) ;
    return 0 ;
}
```

源程序 2：

```
#include <stdio. h>
int main( )
{
    int year , leap = 0 ;
    printf( "Please input year:" ) ;
    scanf( "%d" , &year ) ;
    if ( year % 4 == 0 )
        if( year % 100 == 0 )
        {   if( year % 400 == 0)
                leap = 1 ;   }
        else
                leap = 1 ;
    if ( leap )
        printf( "%d is " , year ) ;
    else
        printf( "%d is not " , year ) ;
    printf( "a leap year. \n" ) ;
    return 0 ;
}
```

源程序 3：

```
#include <stdio. h>
int main( )
{
    int year , leap = 0;
```

```
        printf( "Please input year:" ) ;
        scanf( "%d" , &year ) ;
        if ( ( year % 4 == 0 && year % 100 ! =0 ) || year % 400 == 0 )
            leap=1 ;
        if ( leap )
            printf( "%d is " , year ) ;
        else
            printf("%d is not ",year) ;
        printf( "a leap year. \n" ) ;
        return 0 ;
}
```

4. 运行结果(运行 2 次)

Please input year:2015 ✓

2015 is not a leap year.

Please input year:2016 ✓

2016 is a leap year.

【例 4.8】计算器程序。用户输入运算数和四则运算符,输出计算结果。

1. 算法分析

(1) 功能分析。根据功能描述,程序实现的是简易计算器的运算功能。

(2) 数据分析。本程序需要两个存储操作数的变量,一个存储运算符的变量,还有一个变量用来存放运算结果。

2. 设计思想

(1) 定义变量。三个实型变量分别用于存放数值,一个字符变量用于存储运算符。

(2) 采用 switch 多分支结构实现计算器的运算功能。

(3) 输出结果。

3. 源程序

```c
#include <stdio. h>
int main( )
{
    float a , b ;
    char c ;
    printf( "Please input expression:\n" ) ;
    scanf( "%f%c%f" , &a , &c , &b ) ;
    switch( c )
    {
    case  '+':printf( "%f\n" , a + b ) ;
            break ;
    case  '-': printf( "%f\n" , a - b ) ;
            break ;
```

```
    case '*': printf( "%f\n" , a * b ) ;
            break ;
    case '/': printf( "%f\n" , a / b ) ;
            break ;
    default： printf( "Input error\n" ) ;
    }
    return 0 ;
}
```

4. 运行结果

Please input expression：

2 * 3 ↙

6. 000000

本 章 小 结

本章主要介绍选择结构程序执行的方式,选择程序主要内容有单分支选择结构,双分支选择结构,多分支选择结构,选择结构嵌套,if 语句结构和 switch 语句结构。

if 语句主要实现单分支选择结构和双分支选择结构,通过 if 语句嵌套也可以实现多分支选择结构,但是要注意 if 语句和 else 语句的配对情况,过多的 if－else 语句嵌套会导致程序代码冗长,降低了程序的可读性。

switch 语句是一种多分支选择语句,其可读性比 if 语句强,但是在使用 switch 语句时要正确使用 break 语句,使得程序可以正常地从 switch 语句分支跳出,避免发生逻辑错误。

习 题

一、选择题

1. 以下关于 switch 语句和 break 语句的描述中,正确的是_____。

   A. 在 switch 语句中必须使用 break 语句

   B. break 语句中只能用于 switch 语句中

   C. 在 switch 语句中,可根据需要用或不用 break 语句

   D. switch 语句中不能使用 break 语句

2. 已知"int x = 2 , y = −1 , z = 3 ;",执行下面语句后,z 的值是_____。

   if(x < y) if(y < 0) z = 1 ; else z++ ;

   A. 1   B. 2   C. 3   D. 4

3. 以下程序段的输出结果是_____。

   int a = 2 , b = 1 , c = 2 ;

   if(a < b) if(b < 0) c = 0 ; else c += 1 ;

   printf("%d\n" , c) ;

A. 0   B. 1   C. 2   D. 3

4. 有以下程序：

```
#include <stdio.h>
int main()
{
    int a=0,b=0,c=0,d=0;
    if(a=1)   b=1;c=2;
    else   d=3；
    printf("%d,%d,%d,%d\n",a,b,c,d)；
    return 0；
}
```

程序输出_____。

A. 0,1,2,0   B. 0,0,0,3

C. 1,1,2,0   D. 1,0,2,0

5. C语言对嵌套if语句的规定是else与_____配对。

A. 最外层的if   B. 其之前最近的不带else的if

C. 其之后最近的if   D. 最近的{ }之前的if

6. 若有定义："float x=1.5 ; int a=1 , b=3,c=5 ;"则正确的switch语句是_____。

A. switch(x)   B. switch((int)x);
    {   {
    case 1.0 : printf(" * \n") ;   case 1 :printf(" * \n") ;
    case 2.0 : printf(" * * \n") ;   case 2 :printf(" * * \n") ;
    }   }

C. switch(a+b)   D. switch(a+b);
    {   {
    case 1 : printf(" * \n") ;   case 1 : printf(" * \n") ;
    case 1 + 2 : printf(" * * \n") ; case c : printf(" * * \n") ;
    }   }

二、程序阅读题

1. 下面程序的运行结果是_____。

运行时从键盘输入:9✓。

```
#include <stdio.h>
int main( )
{
    int n ;
    scanf( "%d" , &n ) ;
    if( n++ < 10 )   printf( "%d\n" , n ) ;
    else    printf( "%d\n" , n-- ) ;
```

```
    return 0 ;
}
```

2. 下面程序的运行结果是_____。

```c
#include <stdio.h>
int main( )
{
    int i = 1 , j = 1 , k = 2 ;
    if( ( j++ || k++ ) && i++ )    printf( "%d,%d,%d\n" , i , j , k ) ;
    return 0 ;
}
```

3. 下面程序的运行结果是_____。

```c
#include <stdio.h>
int main( )
{
    int m = 5 ;
    if(m++ > 5)    printf( "%d\n" , m ) ;
    else    printf( "%d\n" , m-- ) ;
    return 0 ;
}
```

4. 下面程序的运行结果是_____。

```c
#include <stdio.h>
int main( )
{
    char c1 = 97 ;
    if(c1 >= 'a' && c1 <= 'z')
        printf( "%d,%c" , c1 , c1 + 1 ) ;
    else
        printf( "%c" , c1 ) ;
    return 0 ;
}
```

5. 下面程序的运行结果是_____。

```c
#include <stdio.h>
int main( )
{
    int a = 1 , b = 2 , c = 3 ;
    if( a > b )c = 1 ;
    else
        if( a == b )  c = 0 ;
        else    c = -1 ;
```

```c
        printf( "c=%d" , c ) ;
        return 0 ;
}
```

6. 下面程序的运行结果是_____。

```c
#include <stdio. h>
int main( )
{
    int a = 0 , i = 1 ;
    switch( i )
    {
        case 0 :
        case 1 : a+=2 ;
        case 2 :
        case 3 :a+=3;
        default：a+=7;
    }
    printf( "%d\n" , a ) ;
    return 0 ;
}
```

7. 下面程序的运行结果是_____。
运行时从键盘输入:1↙。

```c
#include <stdio. h>
int main( )
{
    int k ;
    scanf( "%d" , &k ) ;
    switch( k )
    {
        case 1：printf( "%d,%d\n" , k++ , k ) ;
        case 2：printf( "%d,%d\n" , k , k-- ) ;
        case 3：printf( "%d,%d\n" , ++k , k ) ;
        case 4：printf( "%d,%d\n" , -k , k++ ) ;      break ;
        default：printf( "full! \n" ) ;
    }
        return 0 ;
}
```

8. 下面程序的运行结果是_____。

```c
#include <stdio. h>
int main( )
```

```
{
    int a＝2,b＝7,c＝5;
    switch(a＞0 )
    {
        case 1：switch(b＜0)
                {
                    case 1:printf("@")；break;
                    case 2：printf("!")；break;
                }
        case 0：switch(c＝＝5)
                {
                    case 0:printf(" * ")；break;
                    case 1：printf("♯")；break;
                    default：printf( "＄" )；break;
                }
        default：printf( "&" )；
    }
    return 0 ;
}
```

三、编程题

1. 编写一个程序,从键盘上输入 4 个整数,输出其中的最大值和最小值。

2. 编写一个程序,判断一个五位数是不是回文数。如 12321 是回文数,其个位与万位数字相同,十位与千位相同。

3. 有一函数:

$$y=\begin{cases} x & (x＜0) \\ 3x-2 & (0\leqslant x＜50) \\ 4x+1 & (50\leqslant x＜100) \\ 5x & (x\geqslant100) \end{cases}$$

编写一个程序,从键盘输入 x 的值,输出 y 的值。

4. 假定征税方案如下:收入在 800 元以下(含 800 元)的不征税;收入在 800 元以上,1200 元以下的,超过 800 元的部分按 5％的税率收税;收入在 1200 元以上,2000 元以下的,超出 1200 元部分按 8％的税率收税;收入在 2000 元以上的,超过 2000 元的部分按 20％的税率收税,试编写按收入计算税费的程序(要求用 switch 语句编写程序)。

第 5 章　循环结构程序设计

【内容概述】

while 循环结构,do-while 循环结构,for 循环结构,break 语句和 continue 语句,循环的嵌套。

【学习目标】

通过本章的学习,了解循环结构程序设计的概念,理解单重循环和循环嵌套的概念,掌握 while 循环、do-while 循环和 for 循环的结构及其使用方法,掌握常见的循环嵌套的使用,break 语句和 continue 语句的使用,能正确使用循环结构解决实际问题。

在程序设计中常常会遇到需要反复执行某些相同操作的问题,而循环控制可以让计算机反复执行同一段代码,从而完成大量类似的计算。利用循环结构进行程序设计,一方面降低了问题的复杂性,增加了程序的可读性;另一方面充分发挥了计算机自动执行程序、运算速度快的特点。

C 语言提供了 3 种循环结构语句。如 while 语句、do-while 语句和 for 语句。while 语句和 do-while 语句通常需要在循环体内对循环变量进行修改,for 循环语句的使用较为灵活,且不需要在循环体内对循环变量进行修改。在程序设计中需要根据实际问题合理选择使用循环语句。

5.1　while 语 句

5.1.1　while 语句的基本语法

1. while 语句的语法格式

while 语句的语法格式为:

while(表达式)

　　循环体语句

2. while 语句的执行过程

(1) 计算表达式的值,若该值为真(非 0) 时,执行循环体语句即步骤(2);若该值为假(0) 时,则跳出循环即执行步骤(4)。

(2) 执行循环体。

(3) 转去执行步骤(1)。

(4) 循环终止,执行 while 循环之后的语句。

3. 说明

(1) while 循环是先判断条件后执行循环体语句,因此循环体语句有可能一次也不执行(首次判断表达式的值为 0)。

(2) while 循环中的表达式可以是关系表达式、逻辑表达式,也可以是数值或者字符表达式,只要表达式的值为非零,就可执行循环体。

(3) 循环体语句可以是一个语句,也可以是多个语句。当只有一个语句时,外层的大括号可以省略,如果循环体是多个语句时,一定要用花括号"{}"括起来,组成复合语句。

(4) 循环体内必须有改变循环条件的语句,使循环趋于结束,否则循环将无终止地执行下去,即形成"死循环"。

5.1.2　while 语句的程序举例

【例 5.1】计算 $1+2+3+\cdots+100$ 的和。

算法分析:

(1) 先定义两个变量,用 i 表示累加数,用 sum 存储累加和。

(2) 给累加数 i 赋初值 1,表示从 1 开始进行累加,给累加变量 sum 赋初值 0。

(3) 使用循环结构反复执行加法,在 sum 原有值的基础上再增加新的 i 值,加完后再使 i 自动加 1,使其成为下一个要累加的数。

(4) 每次执行完循环后判断是否 $i \leqslant 100$,如果超过 100 就停止循环累加。

(5) 最后输出计算结果,即输出 sum 的值。

源程序:

```
# include <stdio. h>
int main( )
{
    int i = 1 , sum = 0 ;      /* 设置变量的初始值 */
    while( i <= 100 )     /* 控制循环的次数 */
    {
        sum = sum + i ;      /* 计算累加和 */
        i++ ;              /* 修改循环变量 i 的值,为下次循环做准备 */
    }
    printf( "1+2+3+…+100 = %d\n" , sum ) ;
    return 0 ;
}
```

运行结果:

$1+2+3+\cdots+100 = 5050$

5.2　do-while　语　句

5.2.1　do-while 语句的基本语法

1. do-while 语句的语法格式

do-while 语句的语法格式为:

```
        do
        {
            循环体语句
        }while(表达式);
```

2. do-while 语句的执行过程

（1）执行循环体。

（2）计算表达式的值，当其值为真（非 0）时，执行步骤（1）；当其值为假（0）时，执行步骤（3）。

（3）循环终止，执行 do-while 循环之后的语句。

3. 说明

（1）do-while 语句特点是先无条件执行一次循环体，再对表达式进行判断。do-while 循环属于"直到型"循环。

（2）与 while 循环结构一样，其表达式可以是关系表达式、逻辑表达式，也可以是数值或者字符表达式。循环体内必须有循环变量，能够使循环趋于结束，否则会出现死循环。

（3）循环体是一个语句。如果循环体要执行多条语句，必须要用"{ }"括起来，构成复合语句。如果循环体不执行任何操作，可以使用空语句。

（4）while(表达式) 后面的";"一定不可以省略，它表示整个循环语句的结束。

5.2.1　do-while 语句的程序举例

【例 5.2】while 和 do-while 循环的比较。

1. while 源程序

```
#include <stdio.h>
int main( )
{
    int i, sum=0;
    printf("Please input: i = ");
    scanf("%d",&i);
    while(i<=5)
    {
        sum=sum+i;
        i++;
    }
    printf("sum=%d\n",sum);
    return 0;
}
```

运行结果：

Please input: i = 1✓

sum＝15

再运行一次：

Please input：i ＝6 ↙

sum＝0

2. do-while 源程序

```
♯include〈stdio. h〉
int main( )
{
    int i，sum＝0；
    printf("Please input：i ＝ ")；
    scanf("％d"，&i)；
    do
    {
        sum＝sum＋i；
        i++；
    }while(i＜＝5)；
    printf("sum＝％d\n"，sum)；
}
```

运行结果：

Please input：i ＝ 1 ↙

sum＝15

再运行一次：

Please input：i＝6 ↙

sum＝6

程序比较：

当输入 i 值小于或等于 5 时，两者得到的结果相同。当 i＞5 时，两者结果就不同了。这是因为在 while 循环中，由于表达式 i＞5 为假，循环体一次也没有执行，而对于 do-while 循环语句来说至少执行一次循环。由此可知：当 while 和 do-while 循环具有相同的循环体，while 后面的表达式的第一次的值为真时，两种循环得到的结果相同，否则，两者结果不相同。

5.3　for　语　句

5.3.1　for 语句的基本语法

C 语言中 for 语句是最灵活、最紧凑的循环语句。

1. for 语句的语法格式

for 语句的语法格式为：

```
for(表达式 1 ;表达式 2 ;表达式 3 )
    循环体语句
```

2. for 语句的执行过程

(1) 求解表达式 1。

(2) 求解表达式 2。如果表达式 2 的值为真,则执行循环体语句,然后执行步骤(3);如果表达式 2 的值为假,则执行步骤(4)。

(3) 求解表达式 3,然后执行步骤(2)。

(4) 循环终止,执行 for 循环之后的语句。

3. 说明

(1) for 语句括号内的两个";"不可省略。

(2) 表达式 1 通常用于设置循环变量初值。在循环开始之前执行 1 次(仅执行 1 次)。此表达式也可以为多个变量设置初始值,用","隔开即可。

(3) 表达式 2 用于对循环条件进行判断。表达式 2 通常是关系表达式或逻辑表达式,也可以是数值或字符表达式。

(4) 表达式 3 通常用于修改循环变量的值。表达式 3 不仅可以是自增(++)表达式、自减(--)表达式,还可以是其他任何使变量变化的表达式。此外,该表达式还可以实现多个变量值的增加(或者减少),用","隔开即可。

(5) 循环体语句可以是空语句。

4. for 语句使用要点

for 循环括号中的三个表达式可以全部或部分省略。

(1) 若省略表达式 1,则应该在 for 语句之前对循环变量赋初值。

例如:

```
# include 〈stdio. h〉
int main( )
{
    int i = 1;
    for(   ; i <= 5 ; i++ )
        printf( "%d\t" , i);
    return 0 ;
}
```

(2) 若省略表达式 3,则应该在循环体中修改循环变量,使其趋于结束。

例如:

```
# include 〈stdio. h〉
int main( )
{
    int i ;
    for( i = 1 ; i <= 5 ;   )
    {
        printf( "%d\t" , i) ;
```

```
        i++ ;
    }
    return 0 ;
}
```

（3）若表达式 2 省略，则默认循环条件为真，循环会无终止执行下去，所以循环体必须有能够终止循环的语句，可以使用 break 语句实现循环结束。

例如：

```
# include 〈stdio. h〉
int main( )
{
    int i ;
    for( i = 1 ;   ; i++ )
    {
        if( i <= 5 )
            printf( "%d\t" , i ) ;
        else
            break ;
    }
    return 0 ;
}
```

（4）若表达式 1 和表达式 3 均省略，则 for 语句等价于 while 语句。

例如：

```
# include 〈stdio. h〉
int main( )
{
    int i = 1;
    for(    ; i <= 5 ;   )
    {
        printf( "%d\t" , i ) ;
        i++ ;
    }
    return 0 ;
}
```

等价于 while 语句：

```
# include 〈stdio. h〉
int main( )
{
    int i = 1;
    while( i <= 5 )
```

```
    {
        printf( "%d\t" , i ) ;
        i++ ;
    }
    return 0 ;
}
```

(5) 若三个表达式均省略,则无法通过自身结束循环,常用来构成死循环。

例如：

```
for( ; ; )
    语句
```

5.3.2 for 语句的程序举例

【例5.3】编写程序输出所有的水仙花数。若一个三位数等于各位数字的立方和,则称该数为水仙花数。

1. 算法分析

根据水仙花数的含义,可以采用数学中的穷举法处理。就是对所有的三位数进行判断,是否满足"各位数字的立方和等于该数"的条件。因此,可以设置循环变量 n 的初始值为 100,循环变量增量为 n++,循环条件为 n<1000。循环初始值和条件可以确定循环次数,所以本循环属于计数控制的循环,适合使用 for 语句来实现。

2. 源程序

```
#include <stdio. h>
int main( )
{
    int n , i , j , k ;
    printf( "水花仙数是   " ) ;
    for(n = 100 ; n < 1000 ; n++ )
    {
        i = n % 10 ;            /* 个位 */
        j = ( n / 10 ) % 10 ;   /* 十位 */
        k = n / 100 ;           /* 百位 */
        if ( n == i * i * i + j * j * j + k * k * k )
            printf( "%6d" , n ) ;
    }
    printf( "\n" ) ;
    return 0 ;
}
```

3. 运行结果

水仙花数是   153   370   371   407

【例 5.4】从键盘输入数值 n,计算 n!。

1. 算法分析

设置循环变量 i 表示乘数,i 的变化范围从 1 到 n,每次执行循环体后,i 值加 1。定义变量 t 存放累乘积,赋初始值 1,每次执行循环体即是 t 与 i 相乘。

2. 源程序

```
# include <stdio. h>
int main( )
{
    int i , n , t ;
    printf( "Please input: n = " ) ;
    scanf( "%d" , &n ) ;
    for( i = 1 , t = 1 ; i <= n ; i++ )
    t = t * i ;
    printf( "%d! = %d\n" , n , t ) ;
    return 0 ;
}
```

3. 运行结果

```
Please input: n = 5 ↙
5! = 120
```

5.4　break　语　句

break 语句既可用于 switch 语句,也可以用于循环语句,其作用是跳出控制语句。若用于 switch 语句是跳出 switch 结构。若用于循环语句,其作用是结束循环,执行循环外的下一条语句。

1. break 语句的语法格式

break 语句的语法格式为:

```
break ;
```

2. 说明

(1) break 语句只能用于 switch 语句和循环语句中。

(2) 在多层嵌套结构中,break 语句只能跳出一层循环或一层 switch 语句。

【例 5.5】从键盘依次输入 5 个整数,找出第一个能被 3 整除的数,若找到,输出此数后退出;若未找到,输出"Not exists"

1. 源程序

```
# include <stdio. h>
int main( )
{
    int i , a ;
    printf( "Please input: " ) ;
```

```
    for( i = 1 ; i <= 5 ; i++ )
    {
        scanf( "%d" , &a ) ;
        if( a % 3 == 0 )
        {
            printf( "%d\n" , a ) ;
            break ;
        }
    }
    if( i > 5 )
        printf( "Not exists\n" ) ;
    return 0 ;
}
```

2. 运行结果

Please input：2 3 4 5 6↙

3

注意：break 语句在循环体中通常与 if 语句联合使用，在 if 条件成立的情况下跳出循环，继续执行下一条语句。

5.5 continue 语 句

在 C 语言的循环语句中，执行 continue 语句作用是结束本次循环，跳过循环体中 continue 语句后面的语句，直接进行下一次循环。

1. continue 语句的语法格式

continue 语句的语法格式为：

```
    continue ;
```

2. 说明

（1）在 for 语句中，当循环体中执行 continue 语句后，紧跟着执行计算表达式 3，然后转到表达式 2，进行循环条件判断。在 while 语句和 do-while 语句中，执行循环体 continue 语句后，直接转到循环条件判断。

（2）continue 语句的作用是提前结束本次循环，而不是终止整个循环；break 语句是结束整个循环，不再判断循环是否继续执行。

【例 5.6】编写程序，输出 1~10 中不能被 3 整除的数。

1. 源程序

```
# include <stdio. h>
int main()
{
    int n=1;
    for(;n<=10;n++)
```

```
    {
        if(n%3==0)
            continue;
        else
            printf("%d\t",n);
    }
    printf("\n");
    return 0;
}
```

2. 运行结果

1 2 4 5 7 8 10

注意：对于 continue 语句和 break 语句，如果不是特别要求，应当尽量避免使用，以减少使用非结构化的语句。在大多数情况下，在循环结构中不使用 break 语句和 continue 语句同样可以使程序达到目的。

【例 5.7】比较 break 语句和 continue 语句的区别。

1. break 语句

```
# include <stdio. h>
int main()
{
    int i;
    for(i=1;i<10;++i)
    {
        if(i==5)
            break;
        printf("%d\t",i);
    }
    printf("break at i=%d\n",i);
}
```

运行结果：

1   2   3   4   break at i=5

2. continue 语句

```
# include <stdio. h>
int main()
{
    int i;
    for(i=1;i<=10;++i)
    {
        if(i==5)
        {
```

```
            printf("continue at i=%d\n",i);
            continue;
        }
        printf("%d\t",i);
    }
    printf("\n");
    return 0;
}
```

运行结果：

```
1   2   3   4   continue at i=5
6   7   8   9   10
```

5.6 循环语句的嵌套

在一个循环体内包含了另一个或多个完整的循环语句,称为循环嵌套。循环嵌套可以有多层,每一层循环在逻辑上必须完整。前面介绍的三种循环语句都可以相互嵌套,循环嵌套的层次不受限制,但实际中不建议使用嵌套层次太多的循环结构。

【例 5.8】编写程序,在屏幕上输出阶梯形式的乘法口诀表。

1. 算法分析

乘法口诀可以有 9 行 9 列组成,设置行变量 i 和列变量 j。

2. 源程序

```
#include <stdio.h>
int main()
{
    int i,j;
    for(i=1;i<=9;i++)           /* 外循环控制要输出的行数 */
    {
        for(j=1;j<=i;j++)            /* 内循环控制要输出每行的项目数 */
        printf("%d*%d=%d\t", j, i, i*j);            /* 输出第 i 行第 j 项的
                                                          内容 */
        printf("\n");           /* 每行结束换行 */
    }
    return 0;
}
```

3. 运行结果

```
1*1= 1
1*2= 2   2*2= 4
1*3= 3   2*3= 6   3*3= 9
1*4= 4   2*4= 8   3*4=12   4*4=16
```

```
1 * 5= 5   2 * 5=10   3 * 5=15   4 * 5=20   5 * 5=25
1 * 6= 6   2 * 6=12   3 * 6=18   4 * 6=24   5 * 6=30   6 * 6=36
1 * 7= 7   2 * 7=14   3 * 7=21   4 * 7=28   5 * 7=35   6 * 7=42   7 * 7=49
1 * 8= 8   2 * 8=16   3 * 8=24   4 * 8=32   5 * 8=40   6 * 8=48   7 * 8=56   8 * 8=64
1 * 9=9   2 * 9=18   3 * 9=27   4 * 9=36   5 * 9=45   6 * 9=54   7 * 9=63   8 * 9=72
9 * 9=81
```

4. 程序说明

(1) 循环嵌套的循环控制变量一般不应同名,以免造成混乱,不便于理解和控制。

(2) 嵌套循环时应使用合适的缩进,保持良好的书写格式,提高程序可读性。

【例 5.9】编写程序求解 $100 \sim 200$ 之间素数的个数。

1. 算法分析

根据定义可知,如果一个数只能被 1 和本身整除,则这个数是素数。因此,程序只要判断 n 能否被 $2 \sim n-1$ 之间的数整除,就能判断出该数是否是素数。

2. 源程序

```c
# include <stdio. h>
int main( )
{
    int n , i , count = 0 ;
    for( n = 101 ; n <= 200 ; n = n + 2 )
    {
        for( i = 2 ; i < n ; i++ )
            if( n % i == 0 )
                break ;
        if( i == n )
            count++ ;
    }
    printf( "count = %d\n" , count ) ;
    return 0 ;
}
```

3. 运行结果

count =21

4. 程序分析

程序中 break 语句作用是结束循环。内层循环中如果 n 能被一个整数整除,即可判断 n 不是素数,不需要继续循环,所有直接使用 break 跳出内层循环,提前结束内层循环时循环变量 i<n。

内层循环结束后,通过 if 语句判断内层循环是否提前结束,若没有提前结束,变量 i==n,说明 n 没有被 $2 \sim n-1$ 之间的数整除,是素数;若提前结束,变量 i<n,说明 n 能被 $2 \sim n-1$ 之间的数整除,不是素数。

通过分析可知,可以通过修改上述程序,提高程序效率。内层循环只需判断 n 能否

被 2~√n 之间的整数整除即可,这样可以减少循环次数,提高程序执行效率。改进后的源程序如下:

源程序:

```
# include 〈stdio. h〉
# include 〈math. h〉
int main( )
{
    int n , i , k , count = 0 ;
    for( n = 101 ; n <= 200 ; n = n + 2 )
    {
        k = sqrt( n ) ;
        for( i = 2 ; i <= k ; i++ )
        if( n % i == 0 )
            break ;
        if( i > k )
            count++ ;
    }
    printf( "count = %d\n" , count ) ;
    return 0 ;
}
```

5.7　程　序　举　例

【例 5.10】编写一个程序,计算以下公式的 sum。其中 n 的值由键盘输入决定。

$$sum = 1 - \frac{1}{2} + \frac{1}{3} - \frac{1}{4} + \cdots + \frac{1}{n}$$

1. 算法分析

这是一个典型的多项式累加问题。这类问题通常需要使用循环结构。根据公式可以找到以下规律:每个数据项的分子都是 1,分母依次递增,奇数项符号为正,偶数项符号为负。循环结构中设置变量 sum 存放各数据项的累加和,sum 的初始值赋为 0;设置变量 sign 存放数据项的符号,初始值设为 1,表示正数。

2. 源程序

```
# include 〈stdio. h〉
int main( )
{
    int i ,n , sign = 1;
    double sum = 0 ;
    printf( "Please input :n=" ) ;
    scanf( "%d" , &n ) ;
```

```
    for( i = 1 ; i <= n ; i++ )
    {
        sum = sum + sign * 1. 0 / i ;
        sign = -sign ;
    }
    printf( "sum = %lf\n" , sum ) ;
    return 0 ;
}
```

3. 运行结果

Please input：n＝100 ↙

sum = 0. 688172

【例 5.11】从键盘输入一行字符，分别统计其中大写字母、小写字母、数字的个数。

1. 算法分析

本程序需要使用循环结构和 if 选择结构。利用 getchar 函数从键盘输入字符，按回车键结束输入。对于每一个输入字符判断是否是大写字母、小写字母或者数字。

2. 源程序

```
# include <stdio. h>
int main( )
{
    char c ;
    int capital = 0 , lower = 0 , digit = 0 ;
    printf( "Please input：" ) ;
    c = getchar( ) ;
    while( c ! = '\n' )
    {
        if( c >= 'A' && c <= 'Z' )
            capital++ ;
        else
        if( c >= 'a' && c <= 'z' )
            lower++ ;
        else
        if( c >= '0' && c <= '9' )
            digit++ ;
        c = getchar( ) ;
    }
    printf( "Capital letter：%d\n", capital);
    printf("Lower-case letter：%d\n", lower);
    printf("Digit：%d\n \n", digit);
    return 0 ;
```

```
}
```

3. 运行结果

Please input：I am Li Ming and 20 years old↙

Capital letter：3

Lower-case letter：17

Digit：2

【例 5.12】编写程序输出如下图 5-1 所示金字塔图形。

```
                1
            1   2   1
        1   2   3   2   1
    1   2   3   4   3   2   1
1   2   3   4   5   4   3   2   1
```

图 5-1　金字塔图形

1. 算法分析

根据分析可知,可以将金字塔图形分解成三个小的三角形。第一个是 1-1-5 左边组成的直角三角形,第二个是 1-4-1 右边组成的直角三角形,第三个是在 1-1-5 左上角一个有空格组成的三角形。

金字塔图形由 5 行 9 列组成。第 1 行输出 4 个空格后输出一个 1;第 2 行输出 3 个空格后输出 12 再输出 1;第 3 行输出 2 个空格后输出 123,再输出 21,第 4 行输出 1 个空格后输出 1234,再输出 321;第 5 行输出 0 个空格后输出 12345,再输出 4321。所以,对于第 i 行,先输出 5-i 个空格,再输出 1 至 i 共 i 个数字,最后输出 (i-1) 至 1 共 i-1 个数字。

程序可以用两层循环完成。其中,外层循环控制行数:"for(i=1;i<=5;i++)";在内层循环中,由两个并列的 for 语句构成,第一个"for(j=1;j<=5-i;j++)"用于控制每行空格的输出,第二个"for(k=1;k<=2*i-1;k++)"用于控制每行数字的输出。

2. 源程序

```c
#include <stdio.h>
int main()
{
    int i,j,k,s;
    for(i=1;i<=5;i++)
    {
        for(j=1;j<=5-i;j++)
            printf(" ");
        for(k=1;k<=2*i-1;k++)
        {
            if(k<i)
                printf("%d",k);
            else if(k==i)
```

```
            {
                s＝k;
                printf("%d",s);
            }
            else
            printf("%d",－－s);
        }
        printf("\n");
    }
    return 0;
}
```

本 章 小 结

本章主要介绍循环结构程序执行的方式,循环程序主要内容有 while 循环结构,do-while 循环结构,for 循环结构,break 语句和 continue 语句,三种循环的嵌套。

一般情况下,三种循环都可以用来处理同一类问题,但当循环次数不固定时用 while 或 do-while 循环结构;当循环次数固定时用 for 循环结构,for 循环在三种循环中是最方便、最紧凑的循环结构。

while 循环和 for 循环需要先判断条件再执行循环体语句,因此,可能一次不执行循环体语句,而 do-while 循环是先执行一次循环体语句,再判断条件,所以 do-while 循环至少执行一次循环体语句。

使用循环结构时一般需要注意以下几个问题:

(1) 避免程序产生无限循环,即死循环。

(2) 多层循环嵌套时,注意每层循环格式对齐,出现复合语句时务必使用花括号,尽量避免出现太多层次的循环嵌套。

(3) 注意 break 语句和 continue 语句的区别。

习　　题

一、选择题

1. 设有定义"int k＝0;",则循环语句"while(k＝1) k＋＋;"的循环体_____。

　A. 执行无限次　　　　　　B. 有语法错误,不能执行

　C. 一次也不执行　　　　　D. 执行一次

2. 有以下程序段

int k ＝ 10 ;

while(k＞＝ 0) k ＝ k － 1 ;

则循环体语句执行的次数为_____。

　A. 0　　　B. 1　　　C. 10　　　D. 11

3. 有以下程序段：

```
int x = 0 , s = 0 ;
while( ! x ! = 0 )   s += ++x ;
printf( "%d" , s ) ;
```

则＿＿＿＿＿。

　　A. 运行程序段输出 0　　　　　　　B. 运行程序段输出 1
　　C. 程序段中的控制表达式是非法的　　D. 程序段执行无限次

4. 下列程序断中语句＿＿＿＿＿。

```
printf("%d",——y);
int y=15;
do
{
    printf("%d",——y);
}while(! y)；
```

　　A. 执行无限次　　　　　　　　　　B. 有语法错误
　　C. 一次也不执行　　　　　　　　　D. 执行一次

5. 设有"int i;",则执行"for(i=1;i<=10;i++);"后变量 i 的值为＿＿＿＿＿。

　　A. 9　　　　B. 10　　　　C. 11　　　　D. 12

6. 下面程序的功能是将从键盘输入的一对数,由小到大排序输出。当输入一对相等数时结束循环,请选择填空。

```
# include <stdio. h>
int main( )
{
    int a , b , t ;
    scanf("%d%d" , &a , &b);
    while(＿＿＿＿＿)
    {
        if(a > b)
        {
            t = a ;
            a = b ;
            b = t ;
        }
        printf("%d,%d\n" , a , b) ;
        scanf("%d%d" , &a , &b) ;
    }
    return 0 ;
}
```

　　A. ! a = b　　　B. a ! = b　　　C. a == b　　　D. a = b

7. C 语言中 while 和 do-while 循环的主要区别是_____。

    A. do-while 的循环体至少无条件执行一次

    B. while 的循环控制条件比 do-while 的循环控制条件严格

    C. do-while 允许从外部转到循环体内

    D. do-while 的循环体不能是复合语句

8. 下面程序的运行结果是_____。

```c
#include <stdio.h>
int main()
{
    int a = 1, b = 10;
    do
    {
        b -= a;
        a++;
    }
    while( b-- < 0 );
    printf( "a=%d,b=%d\n", a, b );
    return 0;
}
```

    A. a=3, b=11　　B. a=2, b=8　　C. a=1, b=-1　　D. a=4,b=9

9. 若 i 为整型变量,则以下循环执行次数是_____。

for(i = 2 ; i == 0 ;) printf("%d", i--);

    A. 无限次　　B. 0 次　　C. 1 次　　D. 2 次

10. 下面程序的功能是计算 1 到 10 之间的奇数之和及偶数之和。请选择填空。

```c
#include <stdio.h>
int main()
{
    int a, b, c, i;
    a = c = 0;
    for( i = 0; i <= 10; i += 2 )
    {
        a += i;
        _____ (1);
        c += b;
    }
    printf( "sum of the even = %d\n", a );
    printf( "sum of the odd = %d\n", _____ (2) );
    return 0;
}
```

(1) A. b = i——   B. b = i + 1   C. b = i++   D. b = i − 1

(2) A. c — 10   B. c   C. c − 11   D. c — b

11. for 循环语句:for(表达式 1；；表达式 3)可以理解为_____。

     A. for(表达式 1；0；表达式 3)

     B. for(表达式 1；1；表达式 3)

     C. for(表达式 1；表达式 1；表达式 3)

     D. for(表达式 1；表达式 3；表达式 3)

12. 关于 break 和 continue,以下说法正确的是_____。

     A. break 语句只应用在循环体中

     B. continue 语句只应用在循环体中

     C. break 是无条件跳转语句,continue 不是

     D. break 和 continue 语句的跳转范围不够明确,容易产生错误

二、程序阅读题

1. 下面程序的运行结果是_____。

```c
#include <stdio.h>
int main( )
{
    int i,j;
    for(i=0;i<=3;i++)
    {
        for(j=0;j<i;j++)
            printf("%d",i);
        printf(" * \n");
    }
    return 0 ;
}
```

2. 有以下程序:

```c
#include <stdio.h>
int main( )
{
    int a , b , m , n ;
    m = n = 1 ;
    scanf( "%d%d" , &a , &b ) ;
    do
    {
        if( a > 0 )
        {
            m = 2 * n ;
            b++ ;
```

```
        }
        else
        {
            n = m + n ;
            a += 2 ;
            b++ ;
        }
    }
    while( a == b ) ;
    printf( "m=%d n=%d" , m , n ) ;
    return 0 ;
}
```

若输入－10↙。程序的运行结果是_____。

3. 下面程序的运行结果是_____。

```
#include <stdio.h>
int main( )
{
    char c1 , c2 ;
    int a ;
    c1 = '1' ;
    c2 = 'A' ;
    for( a = 0 ; a < 6 ; a++ )
    {
        if( a % 2 )
            putchar( c1 + a ) ;
        else
            putchar( c2 + a ) ;
    }
    return 0 ;
}
```

4. 下面程序的运行结果是_____。

```
#include <stdio.h>
int main( )
{
    int i , m = 0 , n = 0 , k = 0 ;
    for( i = 9 ; i <= 11 ; i++ )
    {
        switch( i / 10 )
        {
```

```
        case 0 :
                m++ ;
                n++ ;
                break ;
        case 10 :
                n++ ;
                break ;
        default :
                k++ ;
                n++ ;
        }
    }
    printf( "%d%d%d\n" , m , n , k ) ;
    return 0 ;
}
```

5. 下面程序的运行结果是_____。

```
#include <stdio. h>
int main( )
{
    int x=15；
    while(x>10&&x<50)
    {
        x++;
        if(x/3)
        {
            x++;
            break;
        }
        else
        continue;
    }
    printf("%d",x);
    return 0 ;
}
```

6. 下面程序的运行结果是_____。

```
#include <stdio. h>
int main( )
{
    int m = 0 , k = 0 , i , j;
```

```
    for( i = 0 ; i < 2 ; i++ )
    {
        for( j = 0 ; j < 3 ; j++ )
            k++ ;
        k = k - j ;
    }
    m = i + j ;
    printf( "k=%d,m=%d\n" , k , m ) ;
    return 0 ;
}
```

7. 下面程序的运行结果是_____。

```
#include <stdio. h>
int main( )
{
    int i , j , x = 0 ;
    for( i = 0 ; i < 2 ; i++ )
    {
        x++ ;
        for( j = 0 ; j <= 3 ; j++ )
        {
            if( j % 2 )
                continue ;
            x++ ;
        }
        x++ ;
    }
    printf( "x=%d\n" , x ) ;
    return 0 ;
}
```

8. 有以下程序

```
#include <stdio. h>
#include <math. h>
int main( )
{
    float x , y , z ;
    scanf( "%f,%f" , &x , &y ) ;
    z = x / y ;
    while( 1 )
    {
```

```
        if( fabs( z ) > 1. 0 )
/ * fabs()是计算绝对值的函数,包含在 math. h 文件中,此时计算|Z| * /
            {
                x = y ;
                y = z ;
                z = x / y ;
            }
            else
                break ;
        }
    printf( "%3. 1f\n" , y ) ;
    return 0 ;
}
```

若输入数据 3. 6, 2. 4✓。程序的运行结果是_____。

9. 有以下程序:

```
#include <stdio. h>
int main( )
{
    char c ;
    c = getchar( );
    while ( c ! = '\n' )
    {
        switch ( c - '2' )
        {
            case 0 :
            case 1: putchar( c + 4 ) ;
            case 2: putchar( c + 4 ) ;
                break;
            case 3: putchar( c + 3 ) ;
            case 4: putchar( c + 2 ) ;
                    break;
        }
        c = getchar( ) ;
    }
    printf( "\n" ) ;
    return 0 ;
}
```

若输入数据 7654。程序的运行结果是_____。

三、程序完善题

1. 下面程序的功能是：按规律将电文变成密码，即将字母 A 变成字母 E，a 变成 e，即变成其后的第 4 个字母，W 变成 A，X 变成 B，Y 变成 C，Z 变成 D；非字母字符保持原状不变。如"boy"转换为"fsc"。从键盘输入一行字符，用换行符结束输入，输出其相应的密码。请填空。

```
#include <stdio.h>
int main( )
{
    char ch ;
    printf( " please enter:\n" ) ;
    ch = getchar( ) ;
    while( ch ! = '\n' )
    {
        if( ( ch >= 'a' && ch <= 'z' ) || ( ch >= 'A' && ch <= 'Z' ) )
        {
            ch = ch + 4 ;
            if(_____)
                ch = _____ ;
        }
        printf( "%c" , ch ) ;
        ch = getchar( ) ;
    }
    printf( "\n" ) ;
    return 0 ;
}
```

2. 下面程序的功能是：计算 100～1000 之间有多少个数其各位数字之和是 5。请填空。

```
#include <stdio.h>
int main( )
{
    int i , s , k , count = 0 ;
    for( i = 100 ;i <= 1000 ; i++ )
    {
        s = 0 ;
        k = i ;
        while(_____)
        {
            s = s + k % 10 ;
            k = _____ ;
```

```
        }
        if( s ! = 5 )
            _____ ;
        else
            count++ ;
    }
    printf( "%d" , count ) ;
    return 0 ;
}
```

3. 下面程序的功能是计算:s=1+12+123+1234+12345。请填空。

```
#include ⟨stdio. h⟩
int main( )
{
    int t = 0 , s = 0 , i ;
    for( i = 1 ; i <= 5 ; i++ )
    {
        t = _____ ;
        _____ ;
    }
    printf( "s=%d\n" , s ) ;
    return 0 ;
}
```

4. 下面程序的功能是:用公式 $\frac{\pi}{4} \approx 1 - \frac{1}{3} + \frac{1}{5} - \frac{1}{7} + \cdots$ 求 π 的近似值,直到发现某一项的绝对值小于 10^{-6} 为止(该项不累加)。请填空。

```
#include ⟨stdio. h⟩
#include ⟨math. h⟩
int main( )
{
    int f = 1 ;
    float pi = 0. 0 , n = 1 , t = 1 ;
    while(_____)
    {
        pi = pi + t ;
        n = n + 2 ;
        _____ ;
        t = f / n ;
    }
    pi = pi * 4 ;
```

```
        printf( "pi=%8.6f\n" , pi ) ;
        return 0 ;
    }
```

5. 下面程序的功能是：计算 100 以内能被 3 整除，且个位数为 4 的所有整数。请填空。

```
#include <stdio. h>
int main( )
{
    int i , j ;
    for( i = 0 ; _____ ; i++ )
    {
        j = i * 10 + 4 ;
        if(_____)
                continue;
        printf( "%d\n" , j ) ;
    }
    return 0 ;
}
```

四、编程题

1. 编写程序，计算 s=1! +2! +3! +…+n!。其中 n 由输入决定。

2. 编写程序，输入两个整数，用辗转相除法计算其最大公约数和最小公倍数。

3. 编写程序，输出 2~1000 之间的完数。所谓完数是指该数的各个因子之和等于该数本身。如：6=1+2+3,6 是完数。

4. 如果把 200 元钱换成 1 元、5 元、10 元的零钱（每种零钱都要求有），编写程序计算一共有多少种换法。

5. 一个盒子中有 12 个球，其中 3 个红的，3 个白的，6 个黑的，从中任取 8 个球，问共有多少种不同颜色的搭配。

第6章 数　　组

【内容简介】

C 语言中,可以利用数组将一组同类型的变量组织在一起,这里的数组属于一种构造数据类型。本章主要介绍数组的概念与存储特点,一维数组、二维数组和多维数组,字符串与字符数组,以及字符串函数等内容。

【学习要求】

通过本章的学习,要求:理解数组的基本概念;掌握一维数组、二维数组和字符数组的定义、初始化和数组元素的使用方法,字符串函数的使用方法;掌握数组的基本操作(排序、查找)方法,并能够正确使用数组和字符串来解决实际问题。

为了能更方便、更简洁地描述较为复杂的数据,C 语言允许用户自定义数据的描述方法:将若干个基本类型数据按一定的规则构成复杂数据对象,即构造类型(也称为组合类型),如:数组类型、结构体类型、共用体类型等。本章我们将一起来学习构造类型中的数组类型。关于构造类型的更多细节,感兴趣的同学可以参阅参考相关资料进行深入学习。

6.1　一　维　数　组

数组是一个由若干同类型数据组合而成的有序集合,即序列。在序列中,这些同类型的数据称为数组的元素,整个序列采用统一的数组名来标识。数组的存储空间由一块连续的存储单元组成,最低地址对应于数组的第一个元素(大端存储时),最高地址对应于最后一个元素。数组可以是一维的,也可以是多维的。

下面通过一个具体例子来说明什么是数组。这个例子将计算某班级参加 ACM 队伍做对题所得的平均分数。

6.1.1　不用数组的程序

要计算某班参加 ACM 同学的平均分,假设这个班只有 5 位 ACMER,计算一组数字的平均值,想必同学们都很清楚该怎样列出数学表达式吧,把它们都加起来,再除以 ACMER 的个数即可。

程序代码:

```
#include <stdio.h>
int main()
{
    int num = 5, i=0, score;
    long sum = 0;
```

```
float average = 0.0;
for(i = 0;i < 5; i++)
{
    printf("please enter number:\n");
    scanf("%d", &score);
    sum += score;
}
average = (float)sum/num;
printf("The average score is:%f\n", average);
return 0;
}
```

本例只是对平均值感兴趣,就不需要存储上面的分数。这个程序将所有的分数全部相加后,除以 num(值为 5)。这个简单的程序只使用了一个 score 变量来存储循环中输入的每个分数。循环在 i 为 0~4 时执行,共迭代了 5 次。

假设将这个程序开发成一个稍微复杂的程序,需要在以后输入一些数值,输出每个人的分数,最后输出平均分。在上面的程序中,需要做哪些修改才能达到目的呢?

如果依然只是使用 score 这个变量,则每次加一个分数,刚输入的分数值就被覆盖掉,不能再次使用。

有些同学可能在想,不然我们可以声明 5 个变量? 当然,这是在数据量小的情况下,但是现在的计算机程序所处理的都是 TB 量级的数据,与其人工的一个一个地定义这些变量,我们更可以高效地定义这些变量,即利用引入的数组。

6.1.2　进一步理解什么是数组

我们知道,数组是由若干同类型数据组成的集合,是一组数目固定、类型相同的数据项,这些数据项被称为元素。这说明,每个数组元素都是 int 型、float 型或者其他类型,因此,如果遇到需要一组 int 型、float 型或者别的类型的变量时,我们就可以优先考虑使用数组。

类似于变量的使用,数组在使用之前也需要事先进行声明。对数组的声明非常类似于声明一个含有单一数值的变量,所不同的是,要在数组名称后的方括号中放置一个常数。定义一个一维数组的一般格式为:

　　　　　　存储类别　类型标识符　数组名标识符[常量表达式]

格式说明:

(1) 存储类别说明数组元素的存储属性,即数组的作用域与生存期,可以是静态型(static)、自动型(auto)、外部型(extern)。若省略不写,则默认为 auto 型。关于存储类别更详细的介绍将在第 7 章中讲述。

(2) 类型标识符说明数组元素的数据类型,可以是我们已经学过的基本数据类型,如 int、float、double、char、long 等,也可以是我们后面即将学习的其他数据类型。

(3) 数组名标识符,即所定义的数组的名字,需符合变量名的命名规则。

（4）常量表达式是数组的元素个数，也称为数组长度，是一个整型常量表达式。

例如，声明一个包含 5 个元素的、名为 numbers 的数组，可采用以下语句：

　　　　int numbers[5];

该语句中，numbers 定义了数组的名称，名称后方括号内的数字定义了要存放在数组中的元素个数，而类型标识符 int 则表明每个数组元素（numbers[0]，numbers[1]，numbers[2]，numbers[3]，numbers[4]）的数据类型均为 int 型。语句执行后，该数组将在内存中开辟如图 6-1 所示的存储空间，该存储空间是一片连续的存储单元，数组中的各个元素在这块内存空间中按照下标从小到大的顺序进行连续存储，每个元素都占用相同的字节数。

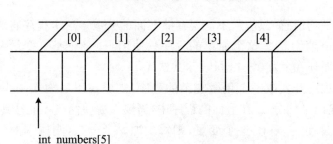

图 6-1　数组 numbers 在内存中的存储形式

由于一维数组采用顺序的方式进行存储，数组名代表了数组在内存中的起始地址，且每个数组元素的字节数都相等，所以，根据数组元素序号可以求得数组各个元素在内存中的地址，同时，还可实现对数组元素的随机存取。

数组元素地址 ＝ 数组起始地址 ＋ 元素下标 ＊ sizeof（数组类型）

例如，假设数组 numbers 的起始地址为 1000，则其数组元素 a[3]的地址为：

1000＋3＊2＝1006

注意：

① 数组中的索引值是从 0 开始的，而不是从 1。初次使用数组时，这是一个易犯的错误。例如在一个 10 元素的数组中，最后一个元素的“标号”是 9，而非 10，要访问第 9 个元素则应该写成 numbers[8]。对于数组中元素的访问，通常有两种方法：第一，使用一个简单的整数明确指定数组的索引值，进而访问数组元素；第二，使用一个在执行程序期间的计算表达式来指定数组索引值，进而访问数组元素。使用表达式访问数组元素时，需要特别注意的是：表达式的结果必须是整数，且该整数必须对数组有效才可。

② 如果在程序中使用了超出数组范围的索引值，程序将不能正常运行，此时编译器检查不出错误，但执行时会出问题，结果也必错无疑，甚至会导致计算机死锁。因此在访问数组元素时，一定要检查数组索引值是否超出了合法范围。

③ 数组名不能与其他变量名相同。

④ 不能在方括号中用变量来表示元素的个数，因为数组长度必须在编译时就确定下来，而变量的值只有到程序运行时才能确定下来。但是，我们可以使用符号常量或常量表达式。如定义"int　n＝5;char c[n];"为非法的，而下面的定义则是合法的：

```
#define MN 5
int a[6+4],b[9+MN];
```

6.1.3　数组的初步使用

讨论了这么多,下面我们就来试试用数组求解这一平均分的问题吧。

有了数组,我们就可以使用一个数组来存储所有要做平均的分数,即存储所有分数,这样不仅可以重复使用它们,也方便定义。现在重写这个程序,计算这 5 个 ACMER 的分数平均值。

程序代码:

```c
#include <stdio.h>
int main()
{
    int numbers [5];        /* 定义含有 5 个 int 型的整型变量 */
    int i, num = 5;
    long sum = 0;
    float average = 0.0;
    printf("please enter 5 numbers:\n");
    for(i = 0; i < 5; i++)     /* 开始对数组赋值初始化 */
    {
        printf("%2d) ",i+1);
        scanf("%d", &numbers[i]);
        printf("%d\n",numbers[i]);
        sum += numbers[i];
    }
    average = (float)sum/num;
    printf("The average score is:%f\n", average);
    return 0;
}
```

运行结果:

```
please enter 5 numbers:
1) 78
2) 85
3) 67
4) 89
5) 90
The average score is ：81.800000
```

在这一程序代码中,除了涉及我们刚讲过的数组定义之外,还牵涉到了数组元素的赋值、使用以及初始化,接下来,我们就逐一地来进行介绍。

6.1.4　一维数组元素的引用

数组必须先定义后使用,这点和变量差不多。C 语言中,数组是一种构造类型,数组元素是组成数组的基本单元,数组名作为数组的首地址,是一个常量地址,不能对它进行赋值,因此也不能利用它来整体引用一个数组,对数组的引用,只能单个地使用数组元素,逐一进行。

引用数组元素的一般格式如下:

　　　　　　数组名[下标]

格式说明:

(1) 数组下标表示了元素在数组中的顺序号,只能为整型常量或整型表达式。

例如,a[20]、a[3 * 5]都是合法的数组元素。

(2) 数组元素通常也称为下标变量。

例如,输出有 10 个元素的数组必须使用循环语句逐个输出各下标变量。

```
        for(i=0; i<10; i++)
        printf("%4d",c[i]);
```

而不能用一个语句输出整个数组。下面的写法就是错误的:

```
        printf("%d",c);
```

数组一旦定义后,其数组元素就可以像对待普通变量一样对它们进行操作,比如定义数组"int a[5]"后,对其数组元素的以下操作都将是合法的。

```
a[0]=5;
a['C'-'A']=3;    /* 相当于 a[2]=3 */
a[2]=a[1]+8;
a[3]=a[0]+a[2*2];
printf("%d",a[3]);
scanf("%d",&a[1]);
```

【例 6.1】从键盘上输入 5 个整数,保存到数组中,然后逆序输出这 5 个整数。

源程序:

```
#include <stdio.h>
int main()
{
    int i,a[5];
        printf("请输入数组 a:");
    for(i =0;i<=4;)
    scanf("%d",&a[i++]);
        printf("\n 请输出数组 a:");
    for(i =4;i>=0;i--)
    printf("%4d",a[i]);
    return 0;
```

```
}
```

运行结果：

请输入数组 a:11　13　32　25　53

请输出数组 a:53　25　32　13　11

程序说明：

本例中第一个循环语句通过键盘给 a 数组各元素赋值,然后用第二个循环语句逆序输出各个元素值。在第一个 for 循环语句中,表达式 3 省略了,而在循环体语句中的下标变量里使用了表达式 i++,故而可以修改循环变量。当然第二个 for 语句也可以这样做,C 语言允许用表达式表示下标。

6.1.5　一维数组的初始化

C 语言在定义数组的时候可以对数组中的各个元素指定初值,这一过程被称为数组的初始化。初始化是在编译阶段完成的,不占用运行时间。

对数组初始化的一般形式为：

类型标识符 数组名[常量表达式]={元素值列表};

其中在{ }中的元素值列表即为各数组元素的初值,各值之间用逗号间隔。例如：

"int a[5]={1,2,3,4,5};",相当于"a[0]=1;a[1]=2;a[2]=3;a[3]=4;a[4]=5;"。

C 语言在对数组初始化赋值时,有以下几项规定：

1. 只能给元素逐个赋值,不能给数组整体赋值

例如：

给五个元素全部赋 1 值,只能写为：

int a[5]={1,1,1,1,1};

而不能写为:int a[5]=1;

2. 可以只给部分元素赋初值

当{ }中值的数目少于元素个数时,只给前面部分的元素赋值。

例如：

int a[10]={4,5,6,7,8};

表示只给 a[0]~a[4] 的 5 个数组元素赋值,而后 5 个元素系统自动赋 0 值。即：

"a[0]=4;a[1]=5;a[2]=6;a[3]=7;a[4]=8; a[5]=0;a[6]=0;a[7]=0;a[8]=0;a[9]=0;"。

3. 如果给全部元素赋值,则在数组说明中,可以不给出数组元素的个数

例如：

int a[5]={1,2,3,4,5};

可写为：

int a[]={1,2,3,4,5};

这时数组的长度就是后面赋值元素的个数。

【例 6.2】数组初始化与未初始化的比较。

源程序：

```
#include <stdio.h>
int main()
{
    int i,a[5]={2,4,6,8,10};    /*全部元素初始化*/
    int b[5];
    int c[5]={3,5};    /*部分元素初始化*/
    printf("\nArray a: ");
    for(i=0;i<5;i++)
        printf("%12d",a[i]);
    printf("\nArray b: ");
    for(i=0;i<5;i++)
        printf("%12d",b[i]);
    printf("\nArray c: ");
    for(i=0;i<5;i++)
        printf("%12d",c[i]);
}
```

运行结果：

Array a：　　　　2　　　　4　　　　6　　　　8　　　　10
Array b：−858993460　−858993460　−858993460　−858993460　−858993460
Array c：　　　　3　　　　5　　　　0　　　　0　　　　0

程序说明：

本程序中，数组 a 的全部元素进行了初始化，故而在输出时有确定的值。数组 b 定义时没有进行初始化，在输出其各元素时虽然有值，但这些值是不确定的，它们是数组 b 所分配内存单元的初始值，当程序在不同的时间或计算机上运行时，可能会由于分配给数组 b 的内存单元不同而得到不同的结果。数组 c 在定义时只对前两个元素进行了初始化，分别赋 c[0]和 c[1]以初值 3 和 5，而其余元素 c[2]、c[3]和 c[4]则取默认值 0。

注意：

① 对于一个自动(auto)数组，如果不进行初始化，则其初始值为系统分配给数组元素的内存单元中的原始值，这些值对于编程者来说是一些不可预知的数，这点在编程时一定要注意。

② 对于一个静态(static)数组或者外部数组，如果不进行初始化，则对数值型数组隐含的初值为 0，对字符数组，隐含初值为空字符'\0'(即 ASCII 码为 0 的字符)。

③ 在对数组初始化时，如果初始值的个数不等于数组的长度，那么在定义数组时必须指定数组长度。

④ 当使用赋值语句或者输入语句对数组元素进行赋值时，需要在运行时完成，占用运行时间。

【例 6.3】计算出前 15 项 Fibonacci 数列。

源程序：

```
#include <stdio.h>
```

```
int main()
{    int i;
     int f[15]={1,1};
     for(i=2;i<15;i++)
      f[i]=f[i-2]+f[i-1];
     for(i=0;i<15;i++)
        {    if(i%5==0)
                printf("\n");
            printf("%-6d",f[i]);
        }
     return 0;
}
```

运行结果：

```
1     1     2     3     5
8     13    21    34    55
89    144   233   377   610
```

程序说明：

本程序利用 for 循环实现对数组元素逐个动态赋值，最后计算出前 15 项 Fibonacci 数列。

【例 6.4】从键盘上输入 5 个整数，输出最大、最小元素的值以及它们的下标。

源程序：

```
#include <stdio.h>
int main()
{    int i,j,k,max,min,a[5];
     for(i=0;i<5;i++)
         scanf("%d",&a[i]);
     max=min=a[0];            /*假定第一个元素既是最大的,也是最小的*/
     j=k=0;                   /*j,k 分别为最大、最小元素的下标,初始化值为 0*/
     for(i=0;i<5;i++)
     {
         if(max<a[i])
         {    max=a[i];
             j=i;
         }
         else if(min>a[i])
         {    min=a[i];
             k=i;
         }
     }
```

```
        printf("max:a[%d] = %d, min:a[%d] = %d",j,max,k,min);
        return 0;
    }
```

运行结果：

  41 315 -20 0 6

  max:a[1] = 315, min:a[2] = -20

程序说明：

本例中，利用变量 max、min 保存数组中最大、最小值，并使用语句"max=min=a[0];"对其进行初始化，假定该数组的第一个元素既是其最大的，也是其最小的。在后面的 for 循环语句中，max 和 min 分别与数组中的所有元素一一比较，比 max 大的元素赋值给 max，比 min 小的元素赋值给 min，同时分别用变量 j、k 记录下当前最大、最小元素的下标。

6.2 二 维 数 组

前面介绍的数组只有一个下标，称为一维数组，其数组元素称为单下标变量，实际问题中往往有很多量是二维的或多维的。C 语言允许构造多维数组。多维数组元素有多个下标，以标识它在数组中的位置，所以也称为多下标变量。下面就来介绍二维数组，多维数组可由此类推而得。

6.2.1 初探二维数组

如果某个一维数组，其每个元素都是类型相同的一维数组，则将构成一个二维数组。这里，类型相同是指数组大小、元素类型都相同；数组维数是指数组的下标个数，一维数组元素只有一个下标，二维数组元素有两个下标。因此，二维数组可以如此声明：

    float numbers[2][3];

二维数组中的各个元素排成矩形会比较方便，如：上述所定义的数组 numbers[2][3]，就可以排成一个 2 行 3 列的矩阵，但是，在内存中，它们实际上是按行顺序存储的，如图 6-2 所示。

图 6-2 也说明了如何将二维数组想象成一维数组，其中的每个元素本身是一个一维数组。我们可以将 numbers 数组视为 2 个元素的一维数组，数组中的每个元素都含有 3 个 float 类型的元素。第一行的 3 个 float 元素位于标记为 numbers[0]开始的一块内存地址上，第二行即最后一行的 3 个 float 元素位于 numbers[1]开始的一块内存上。当然，这里分配给每个元素的内存量（即内存空间的大小）也取决于数组所含的变量类型。

6.2.2 二维数组的定义

我们已经知道，二维数组可以看作是多个相同类型的一维数组，因此，其定义形式与一维数组类似，一般格式为：

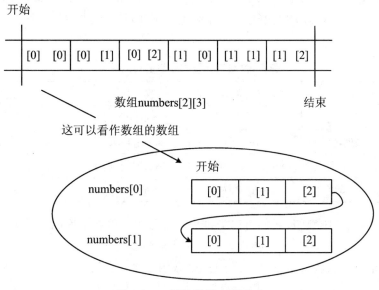

图 6-2 二维数组的存储形式

存储类型 类型标识符 数组名[常量表达式 1][常量表达式 2]

格式说明：

（1）常量表达式 1 表示第一维下标的长度，常量表达式 2 表示第二维下标的长度。如上面的"float numbers[2][3];"定义了一个 2 行 3 列的浮点型数组，数组名为numbers，其数组元素的类型为浮点型。该数组的元素共有 2×3 个。

（2）二维数组相当于数学中的"矩阵"。"常量表达式 1"代表矩阵的行数，"常量表达式 2"代表矩阵的列数。但是存储在计算机中时，实际的硬件存储器却是连续编址的，如图 6-3 所示。

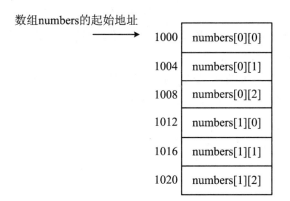

图 6-3 二维数组的存储结构

在许多实际应用中，为了便于解决问题，常常需要定义二维数组。例如：有 4 名学生，每个学生分别参加了作文大赛、数学竞赛及英语竞赛，那么在描述其成绩时，就可以使用一个二维数组 score 来描述：

int score[4][3];

如果使用第一维(行)下标从 0～3 来区分 4 个不同的学生,第二维(列)下标从 0～2 来区分每个学生的 3 个不同竞赛成绩,则数组 score 中各元素与这 12 个成绩的对应关系如表 6-1 所示。

表 6-1　数组元素与成绩的对应关系

	作文大赛	数学竞赛	英语竞赛
第 1 个学生	score[0][0]	score[0][1]	score[0][2]
第 2 个学生	score[1][0]	score[1][1]	score[1][2]
第 3 个学生	score[2][0]	score[2][1]	score[2][2]
第 4 个学生	score[3][0]	score[3][1]	score[3][2]

了解了一维、二维数组,我们可以类推出多维数组。例如下面的多维数组定义:

　　　int a[3][2][3];　　//定义了一个三维整型数组

三维数组 a 可以认为是一个广义的一维数组 a[3],它的每一个元素都是一个 2 * 3 的二维数组。对于元素 a[0],可以把它看作是一个二维数组名,包含 6 个元素:

　　　a[0][0][0]　　a[0][0][1]　　a[0][0][2]
　　　a[0][1][0]　　a[0][1][1]　　a[0][1][2]

同样,对于元素 a[1]、a[2],也可以把它们看成是一个二维数组名,能够分别写出它们所包含的元素。

对于多维数组,其元素的顺序依然由下标决定,维数按照从左到右的顺序,第一个"[ ]"称为第一维,第二个"[ ]"称为第二维,以此类推。下标按照先变化最右边,然后再依次变化左边的顺序进行变化。

6.2.3　二维数组的使用

C 语言中,二维数组的元素也称为双下标变量,对其引用的形式如下:

　　　数组名[下标 1][下标 2]

二维数组的引用与一维数组类似,每个元素都可以作为一个变量来使用,例如,若有定义"int a[2][3];",则下列对其元素的引用都是合法的。

　　　scanf("%d",&a[0][0]);

　　　printf("%d",a[1][1]);

　　　a[1][1]=a[0][1]+a[0][2];

注意:

① 下标应为整型常量或整型表达式,必须有确定的值。

② 下标从 0 开始变化,其值分别小于数组定义中的"常量表达式 1"和"常量表达式 2"。

③ 这里的下标变量和数组说明中的下标含义不同,数组说明的"[ ]"中给出的是某一维的长度,即下标的个数,而数组元素中的下标是该元素在数组中的位置标识。前者只能是常量,而后者可以是常量、变量或者表达式。

【例 6.5】在某个 5 人小组中,每人均有 3 门课程的成绩,现要求该小组各分科的平均成绩和各科的总平均成绩。

算法分析:

根据题意,我们可以利用一个二维数组 a[5][3] 来存放 5 个人 3 门课程的成绩,利用一个一维数组 v[3] 来存放所求得各分科的平均成绩,利用变量 saver 存放全组各科的总平均成绩。

程序代码:

```
#include <stdio.h>
int main()
{     int i,j;
    float saver,v[3],a[5][3],s=0;
    printf("input score:\n");
    for(i=0;i<3;i++)
    {     s=0;
        for(j=0;j<5;j++)
        {   scanf("%f",&a[j][i]);
            s=s+a[j][i];
        }
        v[i]=s/5;
    }
    saver=(v[0]+v[1]+v[2])/3;
    printf("Lesson1:%f\nLesson2:%f\nLesson3:%f\n",v[0],v[1],v[2]);
    printf("total:%f\n",saver);
}
```

运行结果:

input score:

60 77 88 93 66 85 42 59 78 64 91 82 74 80 69

Lesson1:76.800003

Lesson2:65.599998

Lesson3:79.199997

total:73.866669

程序说明:

本例利用了一个双重嵌套循环。内循环依次读入某一门课程的各个学生的成绩,并把这些成绩累加起来,退出内循环后把该累加成绩除以 5 送入 v[i] 中,得到该门课程的平均成绩。外循环共执行 3 次,分别求得 3 门课程的各自平均成绩并存入到数组 v 中,退出外循环之后把 v[0]、v[1]、v[2] 的累加和除以 3 得到各科的总平均成绩。最后按要求输出各个成绩。

【例 6.6】从键盘输入 16 个整数,保存在 4×4 的二维数组中,输出数组偶数行与偶数列中的所有元素。

源程序：

```c
#include <stdio.h>
int main()
{
    int i,j;
    int a[4][4];
    printf("请输入 16 个整数:\n");
    for(i=0;i<4;i++)
        for(j=0;j<4;j++)
            scanf("%d",&a[i][j]);
    printf("将这 16 个整数保存成二维数组后的矩阵显示形式为:\n");
    for(i=0;i<4;i++)
    {
        for(j=0;j<4;j++)
        printf("%-4d", a[i][j]);
    printf("\n");
    }
    printf("输出该数组矩阵中的偶数行与偶数列:\n");
    for(i=0;i<4;i++)
    {
        for(j=0;j<4;j++)
            if(i%2==0 || j%2==0)
                printf("%-4d",a[i][j]);
            else
                printf("%-4c",' ');
        printf("\n");
    }
    return 0;
}
```

运行结果：

请输入 16 个整数：

0 1 2 3 4 5 6 7 8 9 10 11 12 13 14 15

将这 16 个整数保存成二维数组后的矩阵显示形式为：

0   1   2   3

4   5   6   7

8   9   10   11

12   13   14   15

输出该数组矩阵中的偶数行与偶数列：

0   1   2   3

4 6
8 9 10 11
12 14

6.2.4 二维数组的初始化

声明时初始化二维数组的基本结构与一维数组相似,即在类型说明时给各下标变量赋初值。在对二维数组赋初值时,可以按行分段赋值,也可以按行连续赋值。例如,对数组 number[2][3]:

(1) 按行分段赋值。

  int number[2][3] = {{10,20,30},{11,21,31}};

即:分行给二维数组赋初值。将每行元素初值以逗号分隔,写在"{ }"中,每个"{ }"中的数据对应一行元素;各行元素以逗号分隔,写在一个总的"{ }"中。

(2) 按行连续赋值。

  int number[2][3] ={10,20,30,11,21,31};

即:将数组元素所有初值按相应顺序写在一个"{ }"内,各初值用逗号分隔,按数组元素排列顺序给各元素赋值。

注意:

① 在使用"按行连续赋值"的方式进行初始化时,要注意初始值在"{ }"中的顺序以及初值的个数。

② 可以只对部分元素初始化,没有赋初值的元素将赋予 0 或空字符(对字符数组),例如:

  int number[2][3] = {{10,20},{11}};

则该数组的元素值分别是:10,20,0,11,0,0。

③ 如果给全部元素赋初值,则第一维的大小可以不指定,但是第二维的大小必须指定。C 语言编译系统可以自动根据初值数目与第二维大小确定出第一维的大小。例如:

  int a[3][2]={0,1,2,3,4,5};

可以写成:

  int a[ ][2]={0,1,2,3,4,5};

【例 6.7】分别用两种方式对数组初始化并打印输出。

源程序:

```c
#include <stdio.h>
int main()
{
    int i,j;
    int a[2][3] = {80,80,86,87,80,85};
    int b[3][3] = {{80,90,70},{72,92,62},{73,53,63}};
    printf("输出数组 a:\n");
    for(i = 0; i < 2; i++)
```

```
        for(j = 0; j < 3; j++)
            printf("%4d", a[i][j]);
    printf("\n 输出数组 b:\n");
        for(i = 0; i < 3; i++)
        for(j = 0; j < 3; j++)
          printf("%4d", b[i][j]);
        return 0;
    }
```

运行结果：

输出数组 a：

80　80　86　87　80　85

输出数组 b：

80　90　70　72　92　62　73　53　63

【例 6.8】分析下列程序，指出其执行结果。

源程序：

```
#include <stdio. h>
int main()
{
    int i,j;
    int d[][4]={{1,2,3,4},{5,6,7,8},{4,3,2,1},{1,2,3,4}};
    for(i=0;i<4;i++)
        for(j=0;j<i;j++)
            if(d[i][j]>d[j][i])
                d[j][i]=d[i][j];
    for(i=0;i<4;i++)
    {    printf("\n");
        for(j=0;j<4;j++)
        if(j>=i)
            printf("%6d",d[i][j]);
        else
            printf("%6c",' ');
    }
    return 0;
}
```

程序分析：

在分析理解程序时，一般应从 main()函数的说明部分开始，首先了解变量定义与其初值情况，然后阅读 main()函数的可执行语句，了解程序结构。对于循环结构，要了解其循环的层数、循环的控制变量以及所完成的功能等。对于函数，则要注意实参与形参的传递关系以及函数所完成的功能。

本例中,定义了一个数组 d 并进行了初始化,程序的执行语句主要分为两大部分:第一个双重循环结构构成了第一部分,以数组 d 的主对角线为对称轴,将数组中左下角的各元素分别与右上角的对应元素进行比较,若左下角元素大,则用左下角元素替换右上角对应元素;第二个双重循环结构构成了第二部分,功能是输出经过处理后的数组 d 的右上角元素(含对角线)。

6.3　字符数组和字符串

通过前面的学习,我们已经掌握了如何使用数值数组来方便地完成许多编程工作,但在实际应用中,我们还经常会需要将文本字符串用作一个实体,那么面对这些字符变量,我们又该如何创建与处理呢? 本节我们就将一起来探讨如何使用字符数组与字符串。

6.3.1　字符数组的定义与初始化

字符数组,顾名思义就是用来存放字符数据的数组。在字符数组中,一个数组元素只能存放一个字符。

字符数组的定义与前面介绍的数值数组定义相同,只是类型标识符用 char,例如:

    char str[8];

定义了一个包含有 8 个元素的字符数组。

字符数组的初始化也与前面介绍的数组初始化类似,在定义字符数组的同时对其元素赋初值,具体而言就是将字符常量以逗号分隔写在花括号中,例如:

    char str[20]={'H', 'e', 'l', 'l', 'o', '!', 'W','o' ,'r', 'l', 'd', '!'};

该语句执行后,str[0]的值为'H',str[1]的值为'e',str[2]的值为'l',str[3]的值为'l',str[4]的值为'o',str[5]的值为'!',str[6]的值为'W',str[7]的值为'o',str[8]的值为'r',str[9]的值为'l',str[10]的值为'd',str[11]的值为'!',其后的 str[12] ,str[13],…,str[19]未赋值,系统将自动赋予空字符('\0')。

当对字符数组中的全体元素赋初值时,可以省去数组长度说明。例如:

    char str[]={'H', 'e', 'l', 'l', 'o', '!', 'W','o' ,'r', 'l', 'd', '!'};

这时数组 str 的长度将自动定为 12。

注意:

在对字符数组赋初值时,如果花括弧中的字符个数(即初值的个数)大于数组的长度,则编译器将做语法错误处理;如果初值的个数小于数组的长度,则将这些字符赋给数组中前面的元素,其余的元素系统自动定为空字符('\0')。

例如数组"char str[20]={'H', 'e', 'l', 'l', 'o', '!', 'W','o' ,'r', 'l', 'd', '!'};"在内存中的存储状态如图 6-4 所示:

【例 6.9】初始化字符数组并输出。

源程序:

```
#include <stdio. h>
```

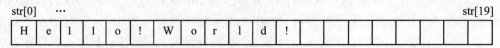

图 6-4　字符数组 str 的存储结构

```
int main()
{    int i,j;
        char str[][5]={{'H','e','l','l','o'},{'W','o','r','l','d'}};
            / * 定义一个二维字符数组并初始化 * /
    for(i = 0; i < 2; i++)
    {        for(j=0;j<5;j++)
            printf("%c", str[i][j]);
            printf("\t");
    }
        return 0;
}
```

运行结果：

Hello　　World

程序说明：

本例中定义了一个二维字符数组，类似于二维数值数组，在初始化时，如果全部元素都赋初值，则第一维的下标长度可以省略。

6.3.2　字符串的概念与使用

1. 字符串的概念

什么是字符串呢？在 C 语言中既没有字符串类型，也没有专门的字符串变量，但是，我们可以使用字符串常量。字符串指的就是若干有效字符的序列，是放在一对双引号中的一串字符或符号，如"hello"。任何放在一对双引号之间的内容都会被编译器视为字符串，包括特殊字符（控制字符、转义字符等）以及嵌入的空格。

2. 字符串的存储

在对字符串进行处理时，通常是使用一个字符数组来存放一个字符串。当把一个字符串存入数组时，也同时把字符串的结束符，"\0"存入数组，并以此作为该字符串是否结束的标志。

例如：

char str[10]={"Hello"};

系统将字符串中的字符依次赋给字符数组 str 中的各个元素，并自动在末尾补上字符串结束标志字符"\0"，str 的长度为 10，但实际的字符数为 5，其存储结构如图 6-5 所示。

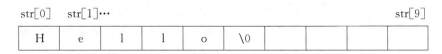

图 6-5 字符串初始化字符数组 str 的存储结构

有了"\0"这个结束标志后,字符串就可以作为一个整体进行处理,我们就不用考虑保存字符串的数组的实际长度,也不必再用字符数组的长度来判断字符串的长度了。

注意:

① 若字符结束标志"\0"仅用于判断字符串是否结束,输出字符时并不会输出。

② 当用字符串对指定大小的字符数组进行初始化时,数组长度应大于字符串的长度,例如:"char str[9]={"C program"};"在存储字符串时,就会由于数组长度不够而导致结束标识符"\0"无法存入数组 str 中,而是存入在 str 数组后面的下一个存储单元中,这就有可能会破坏其他数据。正确的定义方式应该是:"char str[10]={"C program"};"。

③ 在初始化一个一维字符数组时,可以省略花括号,例如:"char str[10]={"C program"};"可以写成:

    char str[10]="C program";   或者   char str[]="C program";

当未指定一维数组的长度时,编译系统会通过计算出初值个数,并自动确定出该数组长度。

④ 不能直接将字符串赋值给字符数组名,比如下面的语句就是错误的:

    str="C program";

3. 字符串的使用

对于字符数组中元素的使用,往往是根据字符数组的下标引用字符数组中的元素,得到相应的字符。存放在字符数组中的字符串也同样可以利用下标来逐个地使用每个字符。

【例 6.10】输出一行字符串。

源程序:

```
#include <stdio.h>
int main()
{   int i;
        char str[15]={"Hello,World!"};
        /*定义一个字符串数组,并初始化*/
    for(i = 0; i < 15; i++)
        printf("%c", str[i]);
    printf("\n");
    return 0;
}
```

运行结果:

    Hello,World!

程序说明:

本例中,首先定义了一个大小为 15 的字符数组,并利用字符串对其进行初始化,然后利用一个 for 循环语句逐个输出存放在该字符数组中的字符串值。

利用字符串初始化字符数组,能够使字符数组的输入输出变得更加简单方便。除了上述使用循环语句逐个输出字符串之外,我们还可以使用 scanf 函数与 printf 函数一次性地输入输出一个字符数组中的字符串值。

【例 6.11】将例 6.10 做一下改进,一次性输入输出一行字符串。

源程序:

```c
#include <stdio.h>
int main()
{
    char str[15];
    printf("请输入字符串:\n");
    scanf("%s", str);
    printf("请输出字符串:\n");
    printf("%s\n", str);
    return 0;
}
```

运行结果:

请输入字符串:

　　　Hello! World!

请输出字符串:

　　　Hello! World!

程序说明:

本例中定义的数组长度为 15,因此输入的字符串长度必须小于 15,至少留出 1 字节用于存放字符串结束标志"\0"。

注意:

"\0"是系统自动加上去的。

当用 scanf 函数输入字符串时,字符串中不能含有空格,否则将以空格作为字符串的结束符。例如,当输入的字符串中含有空格时,运行情况为:

请输入字符串:

　　　Hello! World!

请输出字符串:

　　　Hello!

通过上例我们知道,当使用 scanf 函数输入字符串时,若字符串中含有空格,则空格以后的字符将不能被 printf 函数输出。但是,如果我们确实想要输入含有空格的字符串,则可以多使用几个字符数组,分段存放含空格的字符串。比如:想要使例 6.11 能够输入含有空格的字符串,则可对其程序代码改进如下:

源程序:

```c
#include <stdio.h>
int main()
```

```
{
    char str1[6],str2[6],str3[6],str4[6];
    printf("请输入字符串:\n");
    scanf("%s%s%s%s",str1,str2,str3,str4);
        printf("请输出字符串:\n");
    printf("%s %s %s %s\n",str1,str2,str3,str4);
        return 0;
}
```

运行结果:

请输入字符串:

　　Hello! How are you?

请输出字符串:

　　Hello! How are you?

我们再来看一下例 6.11,对于 scanf 函数,前面介绍过其各输入项必须以地址方式出现,如 &a,&b 等。但在本例中我们发现,各输入项却都是以数组名的方式出现的,为什么呢? 这是由于 C 语言规定,数组名代表该数组的首地址,因此各输入项前面不用再加 & 符号了。

整个数组是存储在以首地址开头的一块连续内存单元中的。如果一个字符数组包含一个以上的"\0",则遇到第一个"\0"时就结束输出。

【例 6.12】在一个数组中存储两个初始的字符串,请用比较简洁的代码确定字符串的长度,并复制字符串。

源程序:

```
#include <stdio.h>
int main()
{
    char str[][30] = {"What lunch do you want?","Dumplings."};
    int count[] = {0, 0};
        int i;
    for(i = 0; i<2 ; i++)
        printf("第 %d 个字符串为:%s\n",i+1,str[i]);
    for(i = 0; i<2 ; i++)
            while(str[i][count[i]])
            count[i]++;
printf("第一个字符串的长度为:%d\n",count[0]);
    printf("第二个字符串的长度为:%d\n",count[1]);
    if(count[0] < count[1] + 1)
            printf("\nYou cannot put a quart into a pint pot!");
else
        {
```

```
                    count[0]=0;
                    count[1]=0;
                while(str[1][count[1]])
                    {
                        str[0][count[0]++] = str[1][count[1]];
                        count[1]++;
                    }
                str[0][count[0]]='\0';
                printf("将第二个字符串复制给第一个字符串后,第一个字符串变为:
                    \n%s\n", str[0]);

            }
    return 0;
}
```

运行结果:

第 1 个字符串为:What lunch do you want?

第 2 个字符串为:Dumplings.

第一个字符串的长度为:23

第二个字符串的长度为:10

将第二个字符串复制给第一个字符串后,第一个字符串变为:

Dumplings.

程序说明:

这个例子声明了一个二维 char 数组"char str[][30] = {"what lunch do you want?", "Dumplings."};",第一个与第二个初始字符串分别用 str[0]和 str[1]来存储,字符串长度存储为 count 数组的元素,循环语句:

```
    for(int i = 0; i<2 ; i++)
        while(str[i][count[i]])
            count[i]++;
```

外层的 for 循环迭代两个字符串,内层的 while 循环迭代当前字符串中的字符。这种字符数组定义方法可以应用到 str 数组中有任意多个字符串的情况,但是,缺点也很明显,该方法将为字符数组中的每个字符串开辟 30 个字符的存储空间,如果某字符串的实际长度远远小于 30,则将会造成内存的浪费。

【例 6.13】将 str2 这字符串连接到 str1 字符串后面。

源程序:

```
#include <stdio.h>
int main()
{
        char str1[50] = "How do you do?";
        char str2[] = "I am fine, thank you. ";
        int count1 = 0;
```

```
        int count2 = 0;
        while (str1[count1])
            count1++;
        while (str2[count2])
            count2++;
        if(sizeof(str1) < count1 + count2 + 1)
            printf("\nYou cannot put a quart into a pint pot!");      /* (1) */
        else/* (2) */
        {
            count2 = 0;
            while(str2[count2])
                str1[count1++] = str2[count2++];
        str1[count1] = '\0';
        printf("%s\n", str1);
    }
    return 0;
}
```

运行结果：

How do you do? I am fine, thank you.

程序说明：

如果想将 str2 连到 str1 之后，这个程序首先应确定两个字符串的长度，检查下 str1 是否有足够的空间容纳 str2 和终止字符“\0”(即注释(1)的解释说明)，如果不能容纳的话会出现“You cannot put a quart into a pint pot!”这个警告，然后结束程序，此时如果程序不终止，可能会导致重要数据被覆盖而导致程序崩溃。

当满足了空间容量这一条件后，会跳转到 else(即注释(2)的解释说明)语句执行。在 else 语句中重新将变量 count2 置为 0，遍历第二个字符串并逐个连接到第一个字符串之后，由于 str2 中的“\0”字符没有被复制过来，因此这一操作结束后，需要添加一个终止字符“\0”。

6.3.3 常用字符串处理函数

在例 6.12 中我们发现，利用我们目前所掌握的知识把字符串从一个变量复制到了另一个变量中并不是一件容易的事情。那么，在 C 语言中到底有没有更简单的处理方法呢？

答案是肯定的。利用 C 语言中所提供的字符串标准函数库完全能够帮助我们完成这一操作，而且还能够完成许多其他的复杂操作。对于标准库函数，我们只需要知道如何使用以及能够带来什么样的功能即可。

字符串标准函数库包含的字符串处理函数，大致可分为字符串的输入、输出、合并、修改、比较、复制、转换等。其中，输入输出字符串函数使用前应在程序开头包含头文件

〈stdio. h〉,而其他字符串函数使用前应包含头文件〈string. h〉。

下面就来介绍几个最常用的字符串函数。

1. 字符串复制函数 strcpy

函数原型：

```
char * strcpy (char * str1, char * str2);
```

调用格式：

```
strcpy (string1,string2);
```

函数功能：

把字符数组 2(string2)中的字符串拷贝到字符数组 1(string1)中,此时字符串结束标志符"\0"也一同拷贝。字符数组 2 也可以是一个字符串常量,复制操作后其值不变。这相当于把一个字符串赋给一个字符数组。

【例 6.14】用字符串拷贝函数 strcpy 拷贝并输出一行字符串。

源程序：

```
#include 〈stdio. h〉
#include 〈string. h〉
int main()
{
    char str1[15],str2[]="How do you do?";
    strcpy(str1,str2);
    printf("输出的字符串:\n");
    puts(str1);
    printf("\n");
    return 0;
}
```

运行结果：

输出的字符串：

How do you do?

程序说明：

(1) 本例要求字符数组 1 的长度要足够大,至少要大于等于字符数组 2 的长度,否则不能容纳所拷贝过来的字符串。

(2) 利用 strcpy 函数拷贝字符串时,能够连同字符串后面的"\0"一起拷贝到字符数组中。

(3) 对于字符数组的赋值,我们不能直接用赋值语句将一个字符数组或者一个字符串常量赋值给另一个字符数组,而只能用字符串拷贝函数 strcpy 来处理,如:语句"str1＝str2;"是不合法的。

2. 字符串输出函数 puts

函数原型：

```
int * puts(char * str);
```

调用格式：

puts(str)；

其中，str 为一个字符数组(或者后面将要介绍的指针)。本函数的功能在于：将字符数组 str 中所包含的字符串输出到显示器，同时将字符串的结束标识符"\0"转换成换行符"\n"。

【例 6.15】用字符串输出函数 puts 输出一行字符串。

源程序：

```
#include <stdio.h>
#include <string.h>
int main()
{
    char str[]="How are you?";
    printf("输出的字符串为:\n");
    puts(str);
    puts("Fine. Thank you. ");
    return 0;
}
```

运行结果：

输出的字符串为：

How are you?

Fine. Thank you.

程序说明：

通过本例可以看出，用 puts()输出一行字符串时，不必另加换行符"\n"即可使输出结果分行显示。这点和 printf 函数有所不同，puts 函数和 printf 函数尽管功能相当，但 printf 函数不能够自动换行，一般在输出需要格式时使用。

3. 字符串输入函数 gets

函数原型：

char ∗ gets(char ∗ str)；

调用格式：

gets(str)；

其中，str 为字符数组名(或者后面将要介绍的指针)。本函数的功能在于：从键盘读入一个字符串到字符数组 str 中，并自动在末尾追加字符串结束标识符"\0"。使用该函数输入字符串时，可以读入含有空格符的字符串，字符串的输入以回车结束。本函数所得到的函数值为该字符数组的首地址。

例如：

char str[15]；

gets(str)；

若通过键盘输入的字符串为：

How are you?

则 str 的内容为：

　　　　　How are you? \0

【例 6.16】用字符串输入函数 gets 输入一行字符串。

源程序:

```
# include <stdio. h>
# include <string. h>
int main()
{
    char str[15];
    printf("请输入字符串:\n");
    gets(str);
    printf("输出字符串为:\n");
    puts(str);
    return 0;
}
```

运行结果:

请输入字符串:

　　　　　How do you do?

输出字符串为:

　　　　　How do you do?

程序说明:

通过本例可以看出,当输入的字符串中含有空格时,输出仍为全部字符串。说明 gets 函数并不以空格作为字符串输入结束的标志,而只以回车作为输入结束。这点是与 scanf 函数所不同的。

【例 6.17】字符串的输入与输出。

源程序:

```
# include <stdio. h>
# include <string. h>
int main()
{   char s[20],s1[20],end[80];
    scanf("%s",s);
    printf("%s\n",s);
    gets(end);      /*将键盘缓冲区中的字符读完*/
    printf("end=%s\n",end);
    scanf("%s%s",s,s1);     /* 从键盘上输入字符串,将第一个空格前的字符
                            给 s,将第二个空格前的字符给 s1 */
    printf("s=%s,   s1=%s\n",s,s1);
    gets(end);     /*将键盘缓冲区中的字符读完*/
    printf("end=%s",end);
    puts("\n");
```

```
        gets(s);
        printf("s=%s\n",s);
        puts(s);
}
```

运行结果：

```
        How are you ?
        How
        end= are you ?
        Fine . Thank you .
        s=Fine，  s1=.
        end= Thank you .


        How do you do ?
        s=How do you do ?
        How do you do ?
```

程序说明：

本例利用 s、s1、end 这三个字符数组综合练习了带空格字符串的输入与输出。其中利用"gets(end)"语句可以将键盘缓冲区中没有被 scanf 函数所接收的字符串完整读入（包括空格）到字符数组 end 之中。printf 函数利用"%s"字符串格式符加换行符"\n"所输出字符串的效果等同于 puts 函数。

4. 字符串连接函数 strcat

函数原型：

```
        char * strcat(char * str1, char * str2);
```

调用格式：

```
        strcat (string1,string2)
```

函数功能：

把字符数组 2 中的字符串连接到字符数组 1 中字符串的后面,并删去字符串 1 后的字符串结束标志符"\0"。本函数的返回值是字符数组 1 的首地址。

【例 6.18】用字符串连接函数 strcat 连接并输出一行字符串。

源程序：

```
#include <stdio. h>
#include <string. h>
int main()
{
        static char str1[30]="My English score is ";
        int str2[10];
        printf("请输入你的英文分数:\n");
        gets(str2);
        strcat(str1,str2);
```

```
        printf("输出字符串:\n");
        puts(str1);
        return 0;
}
```

运行结果:

请输入你的英文分数:

    86

输出字符串:

    My English score is 86.

程序说明:

本程序完成了 str1 和 str2 的连接,需要注意的是,字符数组 1 应定义足够的长度,至少要大于等于两个字符数组的长度和才行,否则将不能全部装入连接后的字符串,这里可以对比一下例 6.13 中的程序。

5. 字符串比较函数 strcmp

函数原型:

    int * strcmp(char * str1,char * str2);

调用格式:

    strcmp(string1,string2)

函数功能:

按照 ASCII 码值的顺序比较两个数组中的字符串,并由函数返回值返回比较结果。

字符串 1==字符串 2,返回值为 0;

字符串 1 > 字符串 2,返回值为一正整数;

字符串 1 < 字符串 2,返回值为一负整数。

本函数可用于比较两个字符串常量,或者比较字符数组和字符串常量。具体比较规则是将两个字符串从左到右逐个字符进行比较,直到出现不同字符或遇到"\0"为止。如果全部字符都相同,函数返回 0,两个字符串相等;如果出现不同字符,则遇到的第一个不同字符的 ASCII 码大者为大,并将这两个字符的 ASCII 码之差作为比较结果由函数值返回。

【例 6.19】用字符串比较函数 strcmp 比较两个字符串并输出比较的结果。

源程序:

```
#include <stdio.h>
#include <string.h>
int main()
{
        int k;
        static char str1[]="Hello" ,str2[15];
        printf("请输入字符串 2:\n");
        gets(str2);
        k=strcmp(str1,str2);
```

```
        if(k==0) printf("str1=str2\n");
        if(k>0) printf("str1>str2\n");
        if(k<0) printf("str1<str2\n");
        return 0;
    }
```

运行结果：

请输入字符串 2：

　　How do you do?

　　str1<str2

程序说明：

本程序中把输入的字符串和数组 str1 中的字符串相比较，比较结果返回到 k 中，然后根据 k 值再输出结果提示串。在程序运行中，当输入为"How do you do?"时，由 ASCII 码可知"Hello"小于"How do you do?"，故 k<0，输出结果"str1<str2"。

6. 求字符串长度函数 strlen

函数原型：

　　unsigned int strlen(char * str)；

调用格式：

　　strlen (string1)；

函数功能：

返回字符串的实际长度(不含字符串结束标志符"\0")。

【例 6.20】用字符串长度函数 strlen 求字符串的实际长度。

源程序：

```
#include <stdio. h>
#include <string. h>
int main()
{
    int k;
    static char str[]="Hello, World!";
    k=strlen(str);
    printf("字符串的实际长度是：%d\n",k);
    return 0;
}
```

运行结果：

字符串的实际长度是：13

程序说明：

本例中所定义的字符串一共有 12 个非空字符、1 个空格字符，由于空格字符也算字符串的长度，所以这个字符串的实际长度为 13。这里一定要注意不要漏掉空格字符。

6.4　程序举例

【例 6.21】矩阵的转置。

问题分析：

实现矩阵的转置。把一个 2 行 3 列的数组的每一个元素行列互换，形成一个新的 3 行 2 列数组，并输出。

算法分析：

所谓矩阵的转置就是将矩阵行列元素互换，形成一个新的矩阵输出。因此解决问题的时候，需要考虑用两个数组来存放矩阵及其转置矩阵。转置矩阵，即将矩阵中各元素行列交换即可。为此，设计如下的问题解决过程：

数据：矩阵及其转置矩阵为两个矩阵，可采用两个二维数组分别来存放：数组 a，2 行 3 列矩阵；数组 b，转置后的 3 行 2 列矩阵。此外还需要两个循环变量。

操作：由于转置矩阵的行数与列数与原矩阵行数与列数恰好相反，因此处理的时候只需把矩阵中的每个元素更改行列赋值到转置矩阵中，然后把转置矩阵的值输出即可。

源程序：

```c
#include <stdio.h>
#define M 3
#define N 3
int main()
{
    int a[M][N]={{1,2,3},{4,5,6},{7,8,9}};     /*分行赋初值*/
    int b[N][M],i,j;
    printf("矩阵 a:\n");
    for(i=0;i<3;i++)      /*循环变量 i 控制行*/
    {
        for(j=0;j<3;j++)      /*循环变量 j 控制列*/
        {
            b[j][i]=a[i][j];     /*矩阵的元素互换,实现转置的运算*/
            printf("%4d",a[i][j]);
        }
        printf("\n");
    }
    printf("转置矩阵 b:\n");
    for(i=0;i<3;i++)
    {
        for(j=0;j<3;j++)
        {
            printf("%4d",b[i][j]);     /*输出数据*/
```

```
          }
          printf("\n");
      }

      return 0;
}
```

运行结果：

矩阵 a：

```
    1    2    3
    4    5    6
    7    8    9
```

转置矩阵 b：

```
    1    4    7
    2    5    8
    3    6    9
```

【例 6.22】约瑟夫环问题。

问题分析：

约瑟夫环问题是编号为 1，2，3，…，n 的 n 个人按顺时针方向围坐一圈，任选一个正整数 m 作为报数上限值，从第一个人开始按顺时针报数，报到 m 时停止，报 m 的人出列，从他在顺时针方向的下一个人开始重新从 1 报数，如此下去，直到所有人全部出列为止。设计程序求出出列的顺序。

算法分析：

首先将每个人的编号存放在数组 a 中，在主函数中决定总人数 n 以及相应的上限值 m，设计函数实现相应的操作，函数的形参有整型数组 a、整数 n 和 m，n 接收传递的人数，而 m 接收报数上限，函数的返回值为空，函数体完成输出顺序。

函数利用循环访问数组中 n 个元素，每次访问元素，设定内循环连续访问 m 个元素，元素访问的下标为 k，访问到第 m 个元素的时候，如果元素不是 0，则输出元素 a[k]，设定 a[k] 为 0，则继续访问下面的元素。

主函数中设定数组 a，输入 n 和 m，利用循环产生 n 的位置序号存放到数组 a 中，调用函数实现相应的操作。

本例要解决问题的难点有两个：一是如何求下一个出圈人的位置，二是某人出圈后对该人的位置如何处理。按实例中的要求，从第 1 个人开始报数，报到第 m 个人时，此人出圈，设定变量 j，每次统计待出圈的人数是否达到上限值，当待出圈人数达到 m 的时候，重新开始统计。n 个人围成一圈，可看做环状，设定 k 表示出圈人的下标，则出圈人下标的计算公式是 (k+1)%n。对于第二个问题，首先打印出圈人的位置，然后将该位置元素设置为 0。函数体的设计过程如下所示：

说明：函数中用到的中间变量是 i、j、k，变量 i 用来访问数组 a，j 用来统计访问元素是否到达上限，而 k 则用来表示当前输出元素的位置。

源程序：

```
#include <stdio.h>
```

```c
#define N 100        /*宏定义*/
void josef(int a[],int n,int m)        /*定义函数 josef()*/
{
    int i,j,k=0;        /*定义 3 个整型变量*/
    for(i=0;i<n;i++)
    {
        j=1;
        while(j<m)
        {
            while(a[k]==0)        /*跳过已出列的人*/
                k=(k+1)%n;
            j++;
            k=(k+1)%n;
        }
        while(a[k]==0)        /*跳过已出列的人*/
            k=(k+1)%n;
        printf("%d    ",a[k]);
        a[k]=0;
    }
}
int main()
{
    int a[N];        /*定义数组 a 的长度为 100*/
    int i,j,m,n;
    printf("输入 n 和 m:");        /*输入提示*/
    scanf("%d%d",&n,&m);        /*输入数据*/
    printf("数组下标为:1 ~ %d\n",n);        /*数组下标表示人员的序号*/
    for(i=0;i<n;i++)
        a[i]=i+1;
    printf("\n 出列顺序为:\n");
    josef(a,n,m);        /*调用函数 josef()*/
    return 0;
}
```

运行结果:

输入 n 和 m:21　5

数组下标为:1~21

出列顺序为:

```
5   10   15   20   4   11   17   2   9   18
6   14   3   16   8   1   21   7   13   19
12
```

程序说明:

程序由函数 josef() 和 main() 组成,在 main() 中调用 josef(),用数组名 a 作为函数参数,在主调函数和被调函数中分别定义数组,不是把数组元素的值直接传递给形参,而是把实参数组的首元素地址传递给形参数组,这样两个数组共占同一段内存单元,如果形参数组的值发生变化,则实参数组的值也随之改变。主函数执行到"josef(a,n,m);"语句时,将数组 a 的首元素地址传递给形参数组 a,程序转去执行 josef(),形参数组 a 中的元素发生了逆序排列,则实参数组 a 也随之改变,当 josef() 执行完毕后,返回到主函数继续执行后面的语句。

【例 6.23】螺旋方阵的填充。

问题分析:

下面是一个 5×5 的螺旋方阵,要求编程生成这样的 n×n 的螺旋方阵。

```
1    2    3    4    5
16   17   18   19   6
15   24   25   20   7
14   23   22   21   8
13   12   11   10   9
```

算法分析:

螺旋方阵的特点是顺时针排列从 1 开始的自然数,圈数为 n/2,每一圈从左上角开始,产生的方阵数据放在 n×n 的二维数组中,注意 4 个角点的下标控制和变化方向就可以了。

为解决该问题,我们设计填充函数 ftm(),返回值为空,形参数组 a 有 n 行 n 列,函数体设计如下:

函数体中数据:设定变量 i、j 作为循环变量,变量 m 表示自然数的增加值。

函数体内进行填充:n 行 n 列的数组需要利用循环控制填充 n/2 次。

在主函数中调用该填充函数即可完成魔方阵的填充。本例的难点在于寻找填充的规律,利用循环填充,每执行一次循环,按照由左到右,由上到下,由右至左,由下到上填充一圈。

由左到右填充:列下标变化从 i 到 n−i;

由上到下填充:行下标变化从 i+1 到 n−i−1;

由右至左填充:列下标变化为 n−i−2 到 i;

由下到上填充:行下标变化从 n−2−i 到 i+1;

进行 n/2 次填充以后,填充完毕。

源程序:

```c
#include <stdio. h>
#define N 100
void fun(int a[][N],int n)
```

```
{
    int i,j,m=1;
    for(i=0;i<=n/2;i++)
    {
        for(j=i;j<n-i;j++)
            a[i][j]=m++;
        for(j=i+1;j<n-i;j++)
            a[j][n-1-i]=m++;
        for(j=n-2-i;j>=i;j--)
            a[n-1-i][j]=m++;
        for(j=n-2-i;j>=i+1;j--)
            a[j][i]=m++;
    }
}
int main()
{
    int i,j,n,a[N][N];
    printf("输入 n:\n");
    scanf("%d",&n);
    fun(a,n);
    for(i=0;i<n;i++)
    {
        for(j=0;j<n;j++)
            printf("%4d  ",a[i][j]);
        printf("\n");
    }
    return 0;
}
```

运行结果：

输入 n：

5↙

```
 1   2   3   4   5
16  17  18  19   6
15  24  25  20   7
14  23  22  21   8
13  12  11  10   9
```

程序说明：

程序由函数 main() 和 fun() 组成，其中，main() 为入口，当执行到"fun(a,n);"语句时，暂停主函数的执行，转去执行 fun() 函数，当 fun() 函数执行完毕后，返回到暂停处继续执行后面的语句。

再次强调:用数组名作为函数参数时,应该在主调函数 main()和被调函数 fun()中分别定义数组,形参数组首元素和实参数组首元素具有同一地址,它们共占同一存储单元,如果形参数组的元素值发生变化,实参数组的值也随之改变。用数组名作为函数参数实际上是"地址传递"。

【例 6.24】设计魔方阵。

问题分析:

打印魔方阵,魔方阵是指这样的方阵,每一行、每一列以及对角线的和相等。例如三阶魔方阵为:

```
8   1   6
3   5   7
4   9   2
```

请编程打印 N 阶魔方阵。

算法分析:

N 阶魔方阵是以元素为自然数 1,2,3,…,N×N 构成的方阵,每个元素的值均不等,且每行每列以及主副对角线各 N 个元素值的和相等。用二维数组表示魔方阵如表 6-2 所示,其中括号内的数字是数组的两个下标。

表 6-2　魔方阵的填充

(00)8	(01)1	(02)6
(10)3	(11)5	(12)7
(20)4	(21)9	(22)2

该问题解决的关键在于元素的填充:第一个元素 1 的位置在第一行正中,新元素的位置应该处于最近插入位置的右上方;但如果右上方的位置超出方阵上边界,则新元素的位置应该取列的最下一个位置;超出右边界则取行的最左的一个位置;若最近插入的元素为 n 的整数倍,则选下面一行同列上的位置为新的位置。

如三阶矩阵的填充过程为:

填充的数据为 1~9,首先考虑元素 1 的位置,为第一行的正中,元素 2 的位置,应位于 1 的右上方,超出了上边界,应取右上方列的最下一个位置。元素 3 位于 2 的右上方,超出了右边界,取右上方行的最左位置,而 3 为 3 的 1 倍,因此 4 填充为元素 3 的下一行的同列位置。其他元素的填充过程与此相同。

由此将程序设计如下:

数据:设定数组 magic 存放魔方阵。设定 n 为输入的魔方阵的阶数。cur_i 和 cur_j 为填充数据的下标。

操作:向数组 magic 中填充 1,2,…,n×n,循环变量 count 初值设为 1,终值为 n×n,填充 count 数据:首先确定 1 的位置,元素 1 位于第 0 行第 n−1/2 的位置,cur_i 和 cur_j 为下一个元素的填充位置,因此 cur_i=cur_i−1,而 cur_j=cur_j+1,如果 cur_i−1 超出了下标取值范围,那么填充位置为第 cur_i+=n 行和第 cur_j +1 列。如果 curj+1 超出了范围,那么填充位置为 cur_i−1 行第 curj−=n 列。填充完 n 的整数倍的数据以后,后面的数据填充位置为第 cur_i+1 和 cur_j 列。

　源程序：

```
#include 〈stdio. h〉
#define MAX 15    /*宏定义*/
int main()
{
    int magic[MAX][MAX];
    int cur_i=0,cur_j;      /*填充数据下标*/
    int count,n,i,j;
    do
    {
        printf("请输入数字(奇数)n:\n");    /*输入阶数,只接受奇数*/
        scanf("%d",&n);
    }while((n%2)==0);
    cur_j=(n-1)/2;
    for(count=1;count<=n*n;count++)
    {
        magic[cur_i][cur_j]=count;      /*第一个元素放在正中*/
if((count%n==0))      /*最近插入的元素为 n 的正整数,下面一行同列为新的
                位置*/
        {
        cur_i=cur_i+1;
        continue;
        }
    cur_i=cur_i-1;
    cur_j=cur_j+1;    /*下一个到右上角*/
    if(cur_i==-1)
        cur_i+=n;    /*如果行越界*/
    else if(cur_j>n-1)
        cur_j-=n;    /*如果列越界*/
    }
    for(i=0;i<n;i++)/*输出魔方阵*/
    {
        for(j=0;j<n;j++)
            printf("%3d",magic[i][j]);
        printf("\n");
    }
    return 0;
}
```

程序说明：

第 8～12 行代码是一个 do…while 循环。首先执行输出一行普通字符串，再执行输入 n 的值，到此执行完一次循环，程序进行判断表达式(n%2)==0 是否为真，如果为真，则进行第二次循环，否则循环结束。

第 14 行代码是一个 for 循环，循环变量 count 用来控制数组元素值的取值范围。

第 16 行代码将第一个元素放在魔方阵第一行的正中。

第 17～21 行代码是一个 if 语句，该语句首先判断表达式"count%n==0"是否为真(即，判断插入的元素是否为 n 的整数倍)，如果为真. ，则使 cur_i 自增 1(行下标增 1)，并使本次循 环结束。

第 24～28 行的代码是一个 if…else 结构。首先判断表达式 cur_i==-1 是否为真(即，判断行下标是否越界)，如果为真，则使 cui_i 自增 n；如果为假，则判断表达式 cur_j>n-1 是否为真(即，列下标是否越界)，如果为真，则使 cur_j 自减 n。

运行结果：

请输入数字(奇数)n：

5 ↙

17	24	1	8	15
23	5	7	14	16
4	6	13	20	22
10	12	19	21	3
11	18	25	2	9

本 章 小 结

数组是程序设计中最常用的一种构造型数据类型，它是一组相同类型数据的集合，利用下标来区分同一类型的不同数据。数组中，所有元素按照顺序存放在一段连续的内存单元中。利用数组处理实际问题时，首先要将所要求解的数据存入数组，然后通过改变数组下标的方式来依次引用数组中的每一个元素进行处理，最后控制数组元素的输出。

1. 根据数组元素类型的不同，数组可分为数值数组(整型组、实数组)、字符数组以及后面将要学习的结构体数组、指针数组等。根据下标个数的多少，数组可分为一维数组、二维数组以及多维数组，最常用的是一维数组和二维数组，其中二维数组可以看成是特殊的一维数组。

2. 数组类型说明由类型说明符、数组名、数组长度(数组元素个数)3 部分组成。数组元素又称为下标变量，数组的类型即为下标变量取值的类型。

3. 定义数组时，数组的长度必须是整型常量或常量表达式。初始化数组时，初值个数不得多于数组元素的个数。引用数组元素时，数组的小标从 0 开始，数组的最大下标值为数组长度减 1，注意不能越界。

4. 对数组赋值时，可以用数组初始化赋值、输入函数动态赋值、赋值语句赋值 3 种方法实现。注意不能使用赋值语句对数值数组整体赋值、输入或输出，必须使用循环语句逐个对数组元素进行操作。但是对于字符型数组,则可以利用"％s"格式整体输入或输出,也可以利用库函数进行整体赋值、复制等。

5. 字符变量只能存放一个字符,而字符数组则可以存放字符串。字符数组是数组的特例,一般用于处理字符串常量。C语言规定字符串结束标志为"\0"。二维数组可以存放多个字符串(每行存放一个字符串)。处理多个字符串时,如求最大(小)字符串、字符串排序等,常用二维字符数组存放它们。C语言的库函数中,提供了专门处理字符串的函数。

习　　题

一、问答题

1. 什么是数组? 数组的定义形式是什么?

2. 已知"int d[][3]={1,2,3,4,5,6};",则执行语句"printf("％c",d[1][0]+'A');"后的结果是什么?

二、编程题

1. 利用键盘输入 N 个整数,将其存放于某一数组中,并采用选择排序算法将该数组中的数据按照从小到大的次序排列。

选择排序是一种很重要的排序算法:

首先找出值最小的数,然后把这个数与第一个数交换,这样值最小的数就放到了第一个位置;然后,再从剩下的数中找值最小的,把它和第二个数互换,使得第二小的数放在第二个位置上。以此类推,直到所有的值从小到大的顺序排列为止。

2. 利用键盘输入 N 个整数,将其存放于某一数组中,采用冒泡法将该数组中的数据按照从小到大的次序排序。

冒泡排序也是一种很重要的排序算法:

对 n 个数排序,将相邻两个数依次进行比较,将小数调在前头,大数放在后面,这样逐次比较,直至将最大的数移至最后;然后再将 n−1 个数继续比较,重复上面操作,直至比较完毕。由于排序过程类似每次将最大的数沉到下面,把小的数浮到上面,故此称为冒泡法排序,也称为起泡法排序。

3. 由键盘输入一个数据,并将输入的数据插入到一个已按升序排好的数组中,要求插入后的数组仍然按升序排列。

4. 计算某方阵的主对角线之和。

例如:

$$
a = \begin{matrix}
0 & 1 & 2 & 3 & 4 \\
5 & 6 & 7 & 8 & 9 \\
10 & 11 & 12 & 13 & 14 \\
15 & 16 & 17 & 18 & 19 \\
20 & 21 & 22 & 23 & 24
\end{matrix}
$$

其主对角线之和为60。

5. 利用键盘输入若干个学生的成绩,当输入负数时结束输入,计算其平均成绩,并输出低于平均分的学生成绩。

6. 利用键盘输入字符,直到输入"♯"为止,统计输入的字符中每个大写字母的个数,存放在 num 数组中,其中 num[0]表示字母 A 的个数,num[1]表示字母 B 的个数,以此类推。

7. 利用键盘输入一个 n×n 的方阵,以主对角线(\)为对称轴,将左下角元素中最大元素值替换右上角对应的元素,并将右上角元素(含对角线元素)输出。

8. 利用键盘输入一行字符串,统计该字符串中字符串"ab"的个数。

9. 利用键盘输入 10 个字符串,找出其中最长的字符串。

10. 利用键盘输入一行字符,统计其中有多少个单词,单词之间用一个或多个空格隔开。

11. 在屏幕上打印杨辉三角形,如图 5-5 所示。

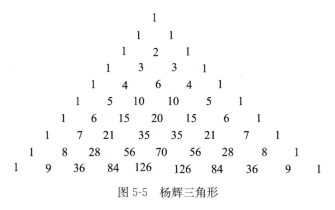

图 5-5　杨辉三角形

杨辉三角形实质上是一个系数表,表中第 i 行有 i+1 个系数,除了第一个和最后一个为 1 外,其余的数均为上一行中位于其左、右的两数之和。

第7章 函　　数

【内容简介】

C 语言中,所有的源程序都是由函数组成,函数是 C 语言源程序的基本单位,通过对函数的调用来实现特定的功能。本章主要介绍函数的概念,函数的定义与调用,函数的参数传递,数组作为函数参数,函数的嵌套调用和递归调用以及变量作用域和存储类别等内容。

【学习要求】

通过本章的学习,要求了解变量存储类别的概念;理解函数的定义与调用,函数的返回值及类型;掌握函数参数传递的方式,函数调用的方法和规则,函数嵌套调用和递归调用的执行过程,数组作为函数参数的使用方法,多个函数组成 C 程序的方法;能够使用函数完成程序设计任务的分解,实现模块化程序设计。

通过前几章的学习,我们可以发现,所有案例的程序代码都是写在一个主函数(main())体中的,如果程序的功能比较复杂,规模比较大,就会导致主函数体变得相当庞杂,使得整个程序代码显得冗长而繁杂,为此,C 语言采用模块化的程序设计思想,引入了函数这一概念。

7.1　函　数　概　述

函数是 C 程序的基本组成部分,是 C 程序中最基本的组成单元,用来将功能相关的代码组织在一起,构成不同的功能模块,方便系统功能的划分。为此,在学习 C 语言函数之前,我们需要先来了解一下什么是程序的模块化结构。

在现实生活中,当我们遇到一个较为复杂的问题时,通常采用的最佳求解方法是逐步分解,也就是把一个大问题分解成若干个比较容易求解的小问题,然后再逐个分析求解。同样,在我们的程序设计中,当程序员需要设计一个相对较复杂的应用程序时,也可以把整个程序的功能细分为若干个功能较为单一的程序模块,然后分别予以实现,最后再把所有的程序模块装配起来,组成一个功能完整的应用程序。

利用函数不仅能实现这种程序的模块化设计,而且提高了程序的易读性和可维护性。把程序中经常用到的计算或者操作编写成通用的函数,以供随时调用,可以大大减轻程序员的工作量。

C 语言也称为函数式语言,C 程序的全部工作都是由各式各样的函数通过调用的方式来完成的。C 语言不仅为我们提供了能够直接使用的极为丰富的库函数,还允许我们自己定义函数,将自己的算法编写成一个个相对独立的函数模块,采用调用的方式来使用这些函数完成某种特定的功能。

函数在 C 语言中可以从不同的角度进行分类。

1. 函数定义的角度

从函数定义的角度分析,C 语言中的函数可以分为库函数和用户定义函数两种。

(1) 库函数。库函数也称为标准函数,由系统提供,是开发人员事先把一些常用的函数编好放入一个文件(库)中可供别人使用的函数。用户想要使用哪些库函数,就把其所在的库文件名用"♯include⟨ ⟩"引入到程序中,然后直接调用就可以了(具体使用方法见下文),无须定义和说明。

例如:前面各章例题中经常用到的 printf()、scanf()、getchar()、putchar()等函数均属于标准库 stdio. h 中的函数。再如 strlen(),该函数是在标准库 string. h 中给出的,其功能是用来求字符串中字符的个数。

(2) 用户定义函数。用户定义函数,顾名思义,就是用户为了满足自己想要实现的功能而自己定义的函数。它是根据实际需要而编写的函数,主要用来解决某一指定的问题。当用户想要定义函数并使用时,不仅要在程序中定义函数体本身,而且还要在主调函数模块中对该被调函数进行类型说明,之后才能使用。

自定义函数时,对于函数的命名,我们可以选取除关键字(如 int、double、sizeof 等)以外的任何满足 C 语言标准的合法名字(所谓的合法标准还记得有哪些束缚吗?)。

注意:不要使用与任何标准库函数名相同的名称(可以使第一个字母大写这样来区分,因为 C 语言的变量是区分大小写的)。

2. 函数功能的角度

C 语言的函数兼有其他语言中函数与过程两种功能,从这一角度分类的话,可把函数分为有返回值函数和无返回值函数。

(1) 有返回值函数。这一类函数是指,函数被调用执行完后会向调用者返回一个执行结果,该结果被称为函数返回值,比如:用于数学计算的函数。此类函数在定义或者声明时,用户必须指明其返回值的类型。

(2) 无返回值函数。此类函数在执行完后不会向调用者返回任何函数值,类似于其他语言的过程,主要用于完成某项特定的处理任务。在定义此类函数的时候,可以指定它的返回为"空类型(void)"。

3. 函数数据传送的角度

从主调函数和被调函数之间数据传送的角度来看,函数可以分为无参函数和有参函数两种。

(1) 无参函数。此类函数在函数定义、函数声明以及函数调用中均不带参数。主调函数和被调函数之间不进行参数传送,通常用来完成一组指定的功能,可以返回或不返回函数值。

(2) 有参函数。有参函数是指在函数定义、函数声明以及函数调用中均要有参数的函数,也称为带参函数。在函数定义及函数声明中的参数,称为形式参数(简称形参);在函数调用时所给出的参数,称为实际参数(简称实参)。在进行函数调用时,主调函数会将实参的值传送给形参,以供被调函数使用。

7.2　函　数　定　义

应用计算机求解复杂的实际问题时,总是把一个任务按功能分成若干个子任务,当然每个子任务还可以再次进行细分。一个子功能称为一个功能模块,用函数实现。采用这种逐步分解求精的策略组织程序,将会使程序的主函数与其他函数之间构成层次结构,如图 7-1 所示。

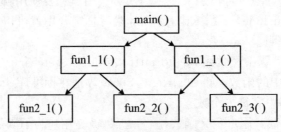

图 7-1　程序函数的层次结构

C 语言允许用户根据实际需要自行编写函数,称为自定义函数。自定义函数的使用同样需要采用函数调用的方式进行。

在创建一个函数时,必须指定函数头作为函数定义的第一行,跟着是这个函数放在大括号内的执行代码。函数头后面放在大括号内的代码块称为函数体。函数头定义了函数的名称、函数参数(即,调用函数时传给函数的值的类型)以及函数返回值的类型;函数体则决定了函数对传给它的值执行什么样的操作。

函数定义的一般形式如下:

1. 无参函数的一般定义形式

```
    类型标识符 函数名()
    {
            声明部分
            语句部分
    }
```

格式说明:

第一行为函数头,包括类型标识符与函数名。类型标识符指明了本函数的类型,实际上指出了函数返回值的类型。函数名是由用户定义的标识符,后跟一个空括号,其中可以无参数,但括号不能少。

"{ }"中的内容为函数体。在函数体中,声明部分是对函数体内部所用到的变量的类型说明及使用的函数声明等。通常情况下,函数体的声明部分应该与语句执行部分划分开,且声明部分要放在函数体的开始。

通常,无参函数都不要求有返回值,此时函数类型标识符可以写为"void"。

例如:在例 7.1 中,函数 p1()、p2()都是无参函数。这类函数在定义时,只要用"类型标识符"指定函数值类型,即函数返回值的类型即可,这里指出函数 p1()、p2()的类型为void 型,表示不需要带回任何函数值。

再比如:void Hello()

```
    {    printf("Hello \n");
    }
```

此 Hello()也是一个无参函数,当其他函数调用此函数时,将会输出"Hello"字符串。

【例 7.1】无参函数的一个简单实例。

源程序：

```
#include <stdio.h>
int p1()
{
    printf("* * * * * * * * * * * * * * * * * * * * * * *\n");
}
int p2()
{
    printf("I am coming~\n");
}
int main()
{
    p1();
    p2();
    p1();
    return 0;
}
```

运行结果：

```
* * * * * * * * * * * * * * * * * * * * * * *
    I am coming~
* * * * * * * * * * * * * * * * * * * * * * *
```

程序说明：

本例中 p1()、p2()均为用户自定义的无参函数,同时也是无返回值函数。p1()的功能是输出一行星号,p2()的功能是输出一行文字。p1 函数与 p2 函数的功能只有在主函数中被调用时才能够发挥出其作用。本例中主函数被定义为 int 型,语句"return 0;"使得主函数能够返回一个整数 0。

2. 有参函数的一般定义形式

类型标识符 函数名(形式参数表)
```
    {
        声明部分
        语句部分
    }
```

格式说明：

相比于无参函数,有参函数多了一个形式参数表列。在函数头的括号中给出的参数称为形参。形参可以是各种类型的变量,每个形参都由形参类型标识符与形参变量名组成,各个形参之间以逗号分隔,构成列表。在函数调用时,由主调函数赋予这些形式参数以实际值。

例如,以下定义有参函数：

```
int mymax(int x, int y)
{
    int z;
    z = x > y? x: y;
    return(z);
}
```

本函数的功能是求 x 和 y 两者中最大的数值,第一行中 int 即为函数的类型标识符,该函数的返回值将是一个整数。mymax 为函数名。括号中有两个形式参数 x 和 y 都是整型的,在调用此函数时,主调函数会把实际参数的值传递给形参 x 和 y。"{ }"里的内容为函数体,包括两个部分:语句"int z;"构成第一部分——声明部分;语句"z = x > y? x: y; return(z);"构成了函数体的第二部分——执行语句部分。这里的 return 语句是将函数的值返回给主调函数,有返回值的函数中至少应有一个 return 语句。

【例7.2】利用上述定义的有参函数实现求两个数中的较大者。

源程序:

```
#include <stdio.h>
int mymax( int x, int y)
{   int z;
    z = x > y? x: y;
    return(z);
}
int main()
{
    printf("最大值为:%d\n",mymax(3,5));
    return 0;
}
```

运行结果:

最大值为:5

注意:

① 定义函数时,函数体内可以没有语句,但是大括号必须得有,如果函数体内没有语句,返回值必须是 void(不存在任何类型),称为空函数。

② 一个 C 语言源程序无论包含多少个函数,必须有且只能有一个主函数 main()。

③ 所有的函数定义,包括主函数 main()在内,都是平行的。即:在一个函数的函数体内不能再定义另外一个函数,也就是说,不能嵌套定义。

④ C 语言中,函数是独立的。不包含主函数 main()的函数源程序能够独立编译,但不能独立运行,只有在被调用时才能运行。

⑤ 函数之间允许相互调用,也允许嵌套调用,习惯上把调用者称为主调函数。

⑥ 函数可以自己调用自己,称为递归调用,当然函数也可以间接调用自己。

⑦ main()函数是主函数,它可以调用其他函数,但不能被其他函数调用。

⑧ C 程序的执行总是从 main()开始,由 main()函数完成对其他函数的调用后再返回到 main()函数,最后由 main()函数结束整个程序的执行。

7.3　函数的声明与调用

函数定义与函数调用是一个问题的两个方面。函数定义主要解决"怎么做"的问题，而函数调用则主要解决"做什么"的问题。函数只能定义一次，但是可以被多次声明、多次调用，在函数调用时，一般会要传入和传出数据。

7.3.1　函数的声明

在 C 语言的源程序中，函数的定义可以放在任意位置，即可以放在主函数 main()之前，也可以放在 main()之后。如果函数的定义在主函数 main()之后，那么在调用该函数之前要事先进行函数声明，就像变量在使用前需要进行变量说明一样。

来看下面这段程序代码：

```
#include <stdio.h>
int main()
{
    printf("%f\n",average(4,8));
    return 0;
}
float average(float x, float y)
{
    return (x + y)/2.0;
}
```

大家想一想，这段程序代码能通过编译吗？能运行吗？运行的结果又是什么样子的呢？

我们知道，每段程序都是先从 main()开始执行的（不论 main()在哪个位置），对于这段程序，mian()函数的函数体语句在执行中，遇到 average()函数调用时，编译器将不知道该如何处理。为了编译这段代码，必须在被调函数 average()被调用之前添加代码，告知编译器 average()函数的信息，这就是声明。

所谓函数声明就是对函数中用到的变量进行定义以及对要调用的函数进行声明。函数声明的主要目的在于使编译系统知道被调函数返回值的类型以及参数个数与类型等情况，以便在主调函数中按此种类型对返回值及参数作相应的处理。函数声明的一般形式如下：

类型标识符　被调函数名(形参类型标识符 1　形参 1，形参类型标识符 2　形参 2，…)

或者

类型标识符　被调函数名(形参类型标识符 1，形参类型标识符 2，…)

函数声明又称为函数原型，实质上是一个定义函数基本特性的语句，定义了函数的名称、返回值的类型以及每个参数的类型，它提供了函数的所有外部规范。函数原型能使编译器在使用这个函数的地方创建适当的指令，检查是否正确地使用它。

为了使上面的程序代码通过编译,只需要在被调用函数 average()调用之前加上 average()函数的原型即可,如:

```
#include 〈stdio. h〉
float average(float, float);
int main()
{
    printf("%f\n",average(4,8));
    return 0;
}
float average(float x, float y)
{
    return (x + y)/2.0;
}
```

或

```
#include 〈stdio. h〉
int main()
{   float average(float x, float y);
    printf("%f\n",average(4,8));
    return 0;
}
float average(float x, float y)
{
    return (x + y)/2.0;
}
```

实践中,函数原型一般要放在源程序文件的开头部分,并且放在所有函数的定义之前,如上面左边方框里的程序代码,这样在以后的各个主调函数中均可不再对被调函数进行声明。

注意:

① 对于库函数的调用,不需要再作说明,但必须使用预编译命令"#include〈 〉"将包含该库函数的头文件包含到源程序文件中。

② 函数的作用域是从其声明处开始一直到源程序文件的结尾处。

7.3.2　函数的调用

定义函数的使用即为函数调用。C程序是通过对函数的调用来执行函数体的,其过程与其他语言的子程序调用相似。

函数调用的一般格式为:

　　　　函数名(实际参数表)

对于无参函数的调用,则小括号中没有实际参数表,但是小括号不可以省略;对于有参函数,在调用时,其实际参数可以是常数、变量或其他构造类型数据及表达式,各个实参之间用逗号分隔。

在C程序中,函数不能单独运行,它可以被 main()函数或者其他函数调用,也可以调用其他函数,但是不能调用主函数。C语言中,函数的调用方式主要有以下几种:

1. 函数表达式

如果函数调用出现在一个表达式中,那么这种表达式称为函数表达式。此时函数是表达式中一项,要求具有返回值,能够带回一个确定的值参与到表达式的运算中,例如求 $y=x^{1/2}+1.8$ 的值,可以通过以下语句调用 sqrt 函数来求得:

　　　　y=sqrt(x)+1.8;

该语句中,函数的调用就出现在赋值号右边的表达式中。由于 sqrt 函数为数学库函

数,因此需要在程序的开头加上♯include〈math. h〉,可以编写出如下代码:

```
♯include 〈stdio. h〉
♯include 〈math. h〉
int main()
{   int x=25,y;
        y = sqrt(x)+1.8;
    printf("y 的值为:%d\n",y);
        return 0;
}
```

请同学们自己思考一下上面这段程序的运行结果。

2. 函数语句

把函数调用作为独立的语句来完成某种操作,这种调用往往无值返回或者函数即使有值返回,也不是通过 return 语句返回的。例如:

```
scanf("%d",&a);
printf("%d",a);
```

在函数调用的一般形式之后加上一个分号,这就构成了一条独立的函数语句。

3. 函数参数

函数作为另一个函数调用的实参出现。此时是把该函数的返回值作为实参进行传送的,因此,要求该函数必须具有返回值。例如,以下程序:

```
♯include 〈stdio. h〉
♯include 〈math. h〉
int main()
{
    printf("8 的平方根为:%.0f\n", sqrt(8));
    return 0;
}
```

这里的函数"sqrt(8)"就被用作为函数"printf()"的实参,把 sqrt()函数的返回值传递给了 printf()函数的形参,成为其实际参数。

注意:

① 函数调用时,要注意调用函数的形式(包括参数的个数、参数数据类型等)。

② 在函数调用中要注意求值顺序的问题。即对实参表中各量的使用是按照从左到右的顺序使用,还是从右到左的顺序使用,不同的编译器规定的使用顺序不同,导致运行的结果也不尽相同。

7.4　函数的参数与函数的值

函数执行时,主调函数与被调函数之间数据的交换是通过函数参数与函数的值来完成的,因此,保证函数参数传递与函数返回值的正确显得尤为重要。

7.4.1　函数的参数

通过前面的学习，我们已经了解到，函数的参数分为形参和实参两种。形参出现在函数定义时的参数表中，必须是变量名，只能在整个函数体内使用，离开该函数则不能使用。实参则出现在函数调用时的参数表中，可以是常量、变量、函数调用或者表达式，一旦进入被调函数，则不能再使用。

形参和实参的功能在于数据传送。执行函数调用时，主调函数会把实参的值传送给被调函数的形参，从而实现主调函数向被调函数的数据传送。需要注意的是，当实参与形参之间进行数据传递时，必须满足类型匹配、个数相同、顺序一致的规则。其中，类型匹配是指：对于基本类型，遵守赋值类型转化规则；对于其他类型，必须类型相同。

函数的参数具有以下特点：

（1）形参变量只有在被调用时才分配内存单元，当调用结束时会即刻释放所分配的内存单元。因此，形参变量只在函数内部有效，属于局部变量。当函数调用结束返回主调函数后则不能再使用该形参变量。

（2）实参可以是常量、变量、表达式、函数调用等，但无论是哪种类型的量，在进行函数调用时，实参必须具有确定的值，以便把这些值传递给形参。因此，应预先使用赋值、输入等方法使实参获得确定的值。

（3）实参和形参在类型、数量、顺序上应保持严格一致，否则会发生"类型不匹配"的错误。

（4）函数调用中发生的数据传送是单向的。也就是说，在函数调用时，只能把实参的值传送给形参，而不能反过来把形参的值传给实参。这样，当参数传递结束时，实参与形参之间就无任何联系了，即使在函数调用中形参的值发生了变化，也不会影响到实参的值。如图7-2所示，形参x、y和实参a、b分别在独立分配的不同内存中，当形参x、y改变时不会影响到实参a、b。

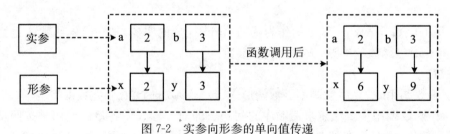

图7-2　实参向形参的单向值传递

【例7.3】参数单向传递举例。

源程序：

```
#include <stdio.h>
int fun(int n);
int main()
{   int n;
    printf("input number:");
```

```
        scanf("%d",&n);
        printf("函数调用前:n=%d\n",n);
        fun(n);
        printf("函数调用后:n=%d\n",n);
    }
    int fun(int n)
    {   int i;
        for(i=n-1;i>=1;i--)
            n=n+i;
        printf("函数调用中:n=%d\n",n);
    }
```

运行结果:

```
    input number:100
    函数调用前:n=100
    函数调用中:n=5050
    函数调用后:n=100
```

程序说明:

本例中定义了一个函数 fun(),其功能是求 $\sum n_i$ 的值。在主函数 main() 中输入实参变量 n 的值 100,函数调用时,将其值传递给 fun() 的形参变量 n(注意,本例中实参变量和形参变量的标识符都是 n,但这是两个不同的量,各自的作用域不同,所分配的内存空间也不同),此时形参变量 n 值也变为 100。main() 函数在调用函数 fun() 之前使用 printf 语句输出了函数调用前的实参变量 n 的值 100;在 fun() 函数中也使用 printf 语句输出了形参变量经过处理后的值,此时形参 n 值变成了 5050;返回主函数后,main() 再次使用 printf 语句输出了实参变量 n 的值,此时发现实参 n 的值仍然为 100。由此可见,实参的值并不会随着形参的变化而变化。

函数参数的传递有两种方法:

① "值传递"法,即把实际参数的值复制到函数的形式参数中,这样,函数中形式参数的任何变化将不会影响到调用时所使用的实参变量;

② "地址传递"法,这种方法是把参数的地址复制给形式参数,在函数中,这个地址用来访问调用中所使用的实际参数,这时如果形式参数有所变化,就会影响到调用时所使用的那个实参变量了(详细内容将在后面章节中进行介绍)。

对应于函数的参数传递方式,函数调用也有两种方法:

① "赋值调用"法,即函数参数通过"值传递"的方式进行数据的传递,此时传递给函数的只是参数值的复制品,所有发生在函数内部的变化均无法影响调用时所使用的实参变量值。

② "引用调用"法,即函数参数通过"地址传递"的方式进行数据传递。上面例子中所用到的基本都是"赋值调用"法,对于函数的"引用调用"将在后面章节中进行介绍。

7.4.2　函数的返回值

函数的值是指函数被调用后,执行完函数体语句所取得的并返回给主调函数的值。函数的值也称为函数的返回值,对此,C语言有以下几点规定:

(1) 函数的值只能通过 return 语句返回主调函数。return 语句的一般使用形式如下:

　　　　　　　　return 表达式;　 或者　 return(表达式);

该语句的功能是计算表达式的值,并返回给主调函数。在函数中允许有多个 return 语句,但是,每次调用只能执行一个 return 语句,因此只能返回一个函数值。

(2) 函数返回值的类型应该和函数定义中函数的类型保持一致。如果两者不一致,则以函数类型为准,自动进行类型转换。

(3) 如果函数的返回值为 int 型,则在函数定义时,可以省去函数的类型说明。也就是说函数的默认类型为整型。

(4) 不返回函数值的函数,可以定义为"空类型",类型标识符为"void"。一旦函数被定义为空类型后,就不能在主调函数中使用被调函数的函数值了。

例如:例 7.3 中定义的函数 fun()即为空类型,此时,如果在主函数 main()中编写语句"s=fun(n);"就是错误的。

为了增强程序的可读性并减少出错,当函数不要求有返回值时,我们都应该将其定义为空类型。

7.5　数组作为函数参数

数组可以作为函数参数进行数据传递。数组用作函数参数的形式主要有两种:一种是把数组元素(即,下标变量)作为实参使用;另一种是把数组名作为函数的形参和实参使用。

7.5.1　数组元素作函数实参

数组中的每一个元素都可以看成是一个普通的变量,其用法与普通变量完全相同。因此,当数组元素作为函数实参时,其用法完全等同于普通变量作为函数实参的情况,在执行函数调用是,把作为实参的数组元素的值赋值给形参,实现单向的"值传递"。

【例 7.4】判断一个数组中各元素的值是否大于 0,若大于 0 则输出该值,若小于等于 0 则输出 0 值。

源代码:

```
#include <stdio.h>
int test(int x)
{   printf("%d\n",x>0 ? x:0);
}
```

```
int main()
{   int a[5],i;
    printf("input 5 numbers:\n");
    for(i=0;i<5;i++)
    {
        scanf("%d",&a[i]);
        test(a[i]);
    }
}
```

程序说明:

本程序首先定义了一个无返回值的函数 test(),其形参类型为 int 型。在 main()中,使用一个 for 循环语句逐个输入数组元素的值,同时,每输入一个元素值就以该元素作为函数实参调用一次 test(),完成把 a[i]的值传送给形参 x,以供 test()函数的使用。

7.5.2　数组名作函数实参

数组名既能作为函数的形参,也能作为函数的实参,但不能作为函数的返回值类型。形参数组实质上是一个指针变量,占 2 字节,用于存储实参数组的首地址;而数组名作为函数实参时则传递的是数组的首地址。传址(传地址值)是 C 函数参数传递的第二种方法,效率高、用途广,但难度要比传值(传数据值)大。

相比于数组元素,数组名作函数实参具有许多不同的地方。

(1) 用数组名作函数实参时,要求形参和相对应的实参都必须是类型相同的数组,都必须有明确的数组说明。一旦形参和实参两者不一致时,就会发生错误。而用数组元素作为实参时,则是按照普通变量的处理方式对待的。

(2) 用下标变量或者普通变量作函数参数时,形参变量和实参变量是由编译系统分配的两个不同的内存单元,在函数调用中发生的值传送是把实参变量的值赋值给形参变量。而用数组名作函数参数时,并不是进行值的传送。实际上,形参数组并不存在,编译系统并不会为形参数组分配内存。前面我们曾介绍过,数组名就是函数的首地址。因此数组名作函数参数进行的数据传送实际上是地址传送,也就是说把实参数组的首地址赋予形参数组名。形参数组名取得该地址之后,也就等于有了实在的数组。实际上,形参数组和实参数组为同一数组,共同拥有一段内存空间,因此,函数对形参数组的操作将会直接影响到实参数组。

(3) 用变量作函数参数时,所进行的值传送是单向的。形参的初始值和实参相同,而当形参的值改变后,实参并不变化,二者的终值是不同的。而用数组名作函数参数时,由于形参与实参共享同一块内存,因此当形参发生变化时,实参也会随着变化。

【例 7.5】改用数组名作函数参数实现例 7.4。

源程序:

```
#include <stdio.h>
int test(int a[5])
```

```
{   int i;
    printf("\nvalues of array a are:\n");
    for(i=0;i<5;i++)
    {   if(a[i]<0)
            a[i]=0;
        printf("%10d",a[i]);
    }
}
int main()
{   int b[5],i;
    printf("input 5 numbers:\n");
    for(i=0;i<5;i++)
        scanf("%d",&b[i]);
    printf("initial values of array b are:\n");
    for(i=0;i<5;i++)
        printf("%10d",b[i]);
    test(b);
    printf("\nlast values of array b are:\n");
    for(i=0;i<5;i++)
        printf("%10d",b[i]);
}
```

运行结果：

input 5 numbers：

   23   −14 5 0 −2

initial values of array b are：

   23   −14   5   0   −2

values of array a are：

   23   0   5   0   0

last values of array b are：

   23   0   5   0   0

程序说明：

本例中，函数 test() 的形参为整型数组 a，长度为5，主函数 main() 中实参数组 b 也是整型，长度也是5。main() 首先输入数组 b 的值，然后输出 b 的初始值，之后以数组名 b 为实参调用函数 test()，在 test() 中按要求把负值转换成0，并输出形参组 a 的值，返回 main() 之后，再次输出数组 b 的值。从运行结果可以看出：实参数组 b 的初始值和终止值是不相同的，但实参数组 b 的终止值和形参数组 a 处理后的值是相同的。由此可见，实参会随着形参的变化而变化。

【例 7.6】用数组名作函数参数实现对每个数组元素值加10的操作。

源程序：

```
#include 〈stdio.h〉
#define N 5      /* 为了提高程序的通用性,数组长度通常定义为符号常量 */
int myadd(int x[],int n);
int main()
{    int a[N]={1,3,5,7,9},i;
     printf("函数调用前,实参数组 A[%d]:地址   元素值\n",N);
     for(i=0;i<N;i++)
         printf("a[%d]:  %x  %5d\n",i,&a[i],a[i]);
     myadd(a,N);    /* 函数调用,数组名作实参 */
     printf("函数调用后,实参数组 A[%d](加 10 后):地址    元素值\n",N);
     for(i=0;i<N;i++)
         printf("a[%d]:   %x    %5d\n",i,&a[i],a[i]);
}
/* 每个数组元素值加 10 */
int myadd(int x[],int n)
{   int i;
     printf("形参 x 中的值(地址):%x\n",x);
     printf("形参数组 x[%d]:地址    元素值\n",n);
     for(i=0;i<n;i++)
         printf("x[%d]:%x    %5d\n",i,&x[i],x[i]);
     /* 数组元素值加 10 */
     for(i=0;i<n;i++)
         x[i]=x[i]+10;
}
```

运行结果:

函数调用前,实参数组 A[5]:地址　　元素值

```
         a[0]:  19ff2c      1
         a[1]:  19ff30      3
         a[2]:  19ff34      5
         a[3]:  19ff38      7
         a[4]:  19ff3c      9
```

形参 x 中的值(地址):19ff2c

形参数组 x[5]:地址　　元素值

```
         x[0]:  19ff2c      1
         x[1]:  19ff30      3
         x[2]:  19ff34      5
         x[3]:  19ff38      7
         x[4]:  19ff3c      9
```

函数调用后,实参数组 A[5](加 10 后):地址　　元素值

```
a[0]:    19ff2c    11
a[1]:    19ff30    13
a[2]:    19ff34    15
a[3]:    19ff38    17
a[4]:    19ff3c    19
```

程序说明：

通过本例可以看出,传址和传值有很大的差别。当实参 a 的值(地址值 19ff2c)传递给形参 x 后,a 与 x 就无联系了,但是,由于 x 接收的是地址值,x 与 a 就又建立了新的联系,实现了形参共享实参内存。从运行结果可以看出,a[i]的地址与 x[i]的地址完全相同,表明它们是同一个存储单元。在 myadd()函数中执行"x[i]＝x[i]＋10;"语句就相当于执行"a[i]＝a[i]＋10;",所以,执行完函数调用后,a 数组的各个数组元素值均加了 10,带回了多个值的变化。由此可见:传递实参数组名是传递实参数组的首地址,能够实现共享实参内存,带回多个值。

本例中,将数组长度说明为符号常量(♯define N 5),而且将其作为函数的另一个形参(void myadd(int x[],int n)),这是一种良好的设计风格,能够提高程序和函数的通用性。

注意:

① 形参数组和实参数组必须一致,否则会引起错误。

② 在函数形参表中,允许不给出形参数组的长度,或用一个变量来表示数组元素的个数。如在例 7.5 中 test()的定义,函数头可写为"void test(int a[])";再如例 7.6 中的"void myadd(int x[],int n)",不直接给出形参数组的长度,而由另一形参变量 n 动态表示,由主调函数的实参传送。

形参数组和实参数组的长度可以不相同,因为在函数调用时,只传送首地址而不检查形参数组的长度。当形参数组与实参数组的长度不一致时,虽然不会出现语法错误,能够通过编译,但是程序执行结果将与实际不符,应该予以注意。

【例 7.7】实参数组与形参数组大小不一致的情况,修改例 7.5 后的程序。

源程序:

```c
♯include <stdio. h>
int test(int a[8])
{    int i;
     printf("\nvalues of array a are:\n");
     for(i＝0;i<8;i＋＋)
     {    if(a[i]<0)
              a[i]＝0;
          printf("%10d",a[i]);
     }
}
int main()
{    int b[5],i;
```

```
    printf("input 5 numbers:\n");
    for(i=0;i<5;i++)
        scanf("%d",&b[i]);
    printf("initial values of array b are:\n");
    for(i=0;i<5;i++)
        printf("%10d",b[i]);
    test(b);
    printf("\nlast values of array b are:\n");
    for(i=0;i<5;i++)
        printf("%10d",b[i]);
}
```

运行结果:

input 5 numbers:

   23   −14   5   0   −2

initial values of array b are:

   23   −14   5   0   −2

values of array a are:

   23 0 5 0 0 1703808 4199401 1

last values of array b are:

   23 0 5 0 0

程序说明:

相比于例 7.5,test()的形参数组 a 的长度改为 8,在函数体中 for 循环语句的循环条件也改为"i<8"。此时,形参数组 a 和实参数组 b 的长度不一致。编译能通过,但从结果上看,数组 a 的元素 a[5]、a[6]、a[7]显然是没有意义的。实际上,当实参数组大而形参数组小时,是能够正常运行的。

多维数组同样可以作为函数参数。函数定义时,对于形参数组,可以指定每一维的长度,也可以省去第一维的长度。比如:"int fun(int a[2][5])"或者"int fun(int a[][5])"都是合法的。

7.6 函数的嵌套与递归调用

7.6.1 函数的嵌套调用

C 语言规定,定义函数时,一个函数不能包含定义另一个函数,即不能嵌套定义函数,但是可以嵌套调用函数,即在调用一个函数的过程中,还可以调用另一个函数,如图 7-3 所示。

图 7-3 仅仅展示了两层嵌套调用的情形(如果需要还可以继续嵌套),在 main()函数的执行中,碰到调用 fun1()函数的语句时,转去执行 fun1()函数,在 fun1()的执行中碰到

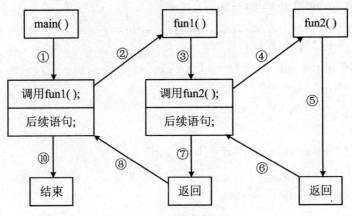

图 7-3　函数嵌套调用

调用 fun2() 的语句，又转去执行 fun2()，fun2() 函数执行完毕后返回至 fun1() 函数的断点处继续往下执行，fun1() 执行完毕后返回到 main() 函数的断点处继续往下执行，直到程序结束。多层嵌套调用的执行过程可依此类推。

【例 7.8】函数嵌套调用的简单实例。

源程序：

```c
#include <stdio.h>
int main()
{
    int test1();
    int test2();
    test1();
    test2();
    return 0;
}
int test1()
{
    printf(" * * * * * * * * * * * * * * *\n");
}
int test2()
{
    printf("函数的嵌套调用\n");
    test1();
}
```

运行结果：

```
* * * * * * * * * * * * * * *
函数的嵌套调用
* * * * * * * * * * * * * * *
```

程序说明：

本例中，主函数 main() 首先调用了 test1()，输出一行"＊"号，然后回到 main()中接着调用 test2()，输出一行信息"函数的嵌套调用"后，test2()又调用了 test1()，输出一行"＊"号，完成了函数的嵌套调用后，由函数 test1()返回到 test2()，再由函数 test2()返回到 main()中，结束程序的运行。

【例 7.9】计算 $s=2^2!+3^2!$ 的值。

源程序：

```
#include <stdio.h>
long fun1(int p)
{    int k;
     long r;
     long fun2(int);
     k=p*p;
     r=fun2(k);
     return r;
}
long fun2(int q)
{    long c=1;
     int i;
     for(i=1;i<=q;i++)
         c=c*i;
     return c;
}
int main()
{    int i;
     long s=0;
     for(i=2;i<=3;i++)
         s=s+fun1(i);
     printf("s=%ld\n",s);
     return 0;
}
```

运行结果：

　　s＝362904

程序说明：

本例编写了两个函数 fun1()与 fun2()，采用嵌套调用的方式实现题目要求。程序中，fun1()与 fun2()均为长整型，都定义在 main()之前，因而不必在 main()中对函数 fun1()与 fun2()进行函数声明。main()函数通过循环语句依次把 i 的值作为实参去调用 fun1()，函数 fun1()先求出 i^2 的值，然后又把 i^2 的值作为实参去调用 fun2()，fun2()执行完毕后把 $i^2!$ 的值返回给函数 fun1，再由 fun1()返回主函数 main()实现累加。

　　本例的计算结果数值会很大,所以函数和一些变量都定义为长整型,否则会造成溢出而产生计算错误。不妨尝试以下 i=5,即,求 $s=2^2!+3^2!+4^2!+5^2!$ 的值,看看结果会怎么样。

7.6.2　函数的递归调用

　　如果函数在执行过程中完成了对自身的调用,那么这种函数调用称之为函数的递归调用,而函数本身则可以称为递归函数。在递归调用中,主调函数同时又是被调函数,执行递归函数将反复调用其自身,每调用一次就进入新的一层。

　　构造递归算法的基本思路是:将一个问题求解转化为一个新问题,而求解新问题的方法与求解原问题的方法相同。求解新问题往往是求解原问题的一小步,但通过这种转化能最终达到求解原问题的目标。

　　C 语言中,递归调用又分为直接递归调用和间接递归调用两种。直接递归调用是指函数在本函数体内直接调用本函数;而间接调用则是指本函数调用了其他函数,但是其他函数又调用了本函数的一种调用方法。图 7-4 展示了函数的递归调用方法。

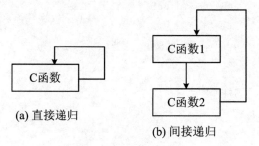

(a) 直接递归　　　　(b) 间接递归

图 7-4　函数的递归调用

具体而言,递归调用的一般形式如下:

(1) 直接递归

```
void a()
{      ⋮
    a();     /* 函数 a 中调用函数 a,属于直接递归 */
       ⋮
}
```

(2) 间接递归

```
void a()
{      ⋮
    b();     /* 函数 a 中调用函数 b */
   ⋮
}
void b()
{      ⋮
```

```
    a();      /* 函数 b 中调用函数 a,属于间接递归 */
    ⋮
}
```

【例 7.10】利用函数的递归调用求 n! 的值。

问题分析：

该问题的递归算法可归纳为：

$$n! = fac(n) = \begin{cases} 1 & n = 0, n = 1 \\ n * fac(n-1) & n > 1 \end{cases}$$

源程序：

```
#include <stdio.h>
int main()
{    int n;
    long f;                /* 防止数据过大 */
    long fun(int);
    printf("请输入一个正整数:");
    scanf("%d",&n);
    if(n>=0)
    {    f=fun(n);
        printf("%d! =%ld\n",n,f);
    }
    else
        printf("输入数据错误! \n");
}
long fun(int n)      /* 每次调用使用不同的参数 */
{        if(n==0||n==1) /* 当满足条件时返回 1 */
            return 1;
        else
          return fun(n-1) * n;            /* 递归公式 */
}
```

运行结果：

请输入一个正整数:10

10! =3628800

程序说明：

本例中,fun(n)是计算阶乘的函数,当计算 fun(n)时,调用了 fun(n-1),然后继续调用 fun(n-2),一直到 fun(1)才获得值 1。然后由 fun(1)=1 能够求出 fun(2),接着就能算出 fun(3)……最后求得最初的 fun(n)的值。

在实际应用中,如果遇到这种类似的问题,即一个大的问题可以分解成与大问题相类似的小问题时,就可以将原问题不断分解,化为一个个的小问题,逐渐从未知的向已知的方向推测,最终达到已知的条件,即递归结束条件。

【例 7.11】利用公式:$e^x = 1 + x + x^2/2! + x^3/3! + \cdots$编程计算 e^x 的近似值(前 20 项的和)。

源程序:

```c
#include <stdio.h>
float fun2(int n)
{    if(n==1) return 1;
     else return(fun2(n-1)*n);
}
float fun1(int x,int n)
{    int i;
     float j=1;
     for(i=1;i<=n;i++)
         j=j*x;
     return j;
}
int main()
{    int n,x;
         float exp=1.0;
         printf("Input a number:");
         scanf("%d",&x);
         printf("x 的值为:%d\n",x);
         exp=exp+x;
         for(n=2;n<=19;n++)
             exp=exp+fun1(x,n)/fun2(n);
         printf("The is exp(%d)=%8.4f\n",x,exp);
         return 0;
}
```

运行结果:

```
Input a number:3
x 的值为:3
The is exp(3)= 20.0855
```

注意:

① 递归算法必须有结束递归的条件,否则会产生死循环现象。

② 递归算法虽然简洁,但占用内存空间较大,效率较低。有些问题可以不用递归的方法来完成,比如:可采用递推法求解,递推法要比递归法更容易理解和实现。但是,有些问题则只能用递归算法才能实现,比如:典型的汉诺塔(Hanoi)问题(可参阅有关资料)。

7.7　函数变量的作用域和生存期

回顾前面所讲的例子,我们发现,程序变量的声明基本都是定义在 main()函数体的起始位置处,但事实上变量的定义可以放在任何代码块的起始处。那么这有什么不同吗? 有,而且某些情况下会有很大的不同。变量只能存在于定义它们的代码块中,创建于声明时,而灭亡于该块的下一个闭括号处(代码模块以左花括号开始,以右花括号结束)。

在一个块内的其他块中,变量的声明也是这样。声明在外部块起始处的变量在内部块中同样有效,可以随意使用,但是要求内部块中不能有同名的变量。

变量在一个块内声明时创建,在这个块结束时删除,这种变量称为自动变量,因为它们是自动创建和删除的。如果给定的变量可以在某个程序代码块中访问和引用,那么这个程序代码块就称为该变量的作用域,在作用域内使用变量是没有问题的,但如果在变量作用域的外部引用,编译程序时就会返回一条错误信息,因为这个变量在它的作用域之外是不存在的。

C 语言中所有的变量都有自己的使用范围,在这个使用范围内变量是有效的,这种变量有效性的范围就称为变量的作用域。下面我们就通过一个例子来进一步了解变量的作用域。

【例 7.12】初探变量作用域。

源程序:

```c
#include <stdio.h>
int main()
{
    int a1 = 1;
    do
    {
        int a2 = 0;
        ++a2;
        printf("\na1 = %d a2 = %d", a1, a2);
    }while( ++a1 <=7);
    printf("\na1 = %d\n", a1);
    return 0;
}
```

运行结果:

```
a1 = 1 a2 = 1
a1 = 2 a2 = 1
a1 = 3 a2 = 1
a1 = 4 a2 = 1
a1 = 5 a2 = 1
```

```
a1 = 6 a2 = 1
a1 = 7 a2 = 1
a1 = 8
```

程序说明：

运行后发现 a2 的值永远不超过 1,因为在循环的每次迭代中,变量 a2 都重新被创建、初始化、递增和删除,它的生存周期为:从声明它的语句起到这个循环结束的括号为止。变量 a1 位于 main()块中,当循环递增时,它仍然存在,所以最后的 printf()输出的是8。感受到了吗? 所谓的作用域就是在它定义的内部起作用。

如果将这个程序修改一下,使最后的 printf()输出 a2 的值,将会发现,程序不能通过编译,而是报出一条错误信息,这是什么原因呢? 其实这是因为在执行最后的 printf()时,变量 a2 已经不存在了。由此可见,如果在使用之前没有初始化自动变量,就会导致不可思议的结局,因为它们所占用的内存可能在它们不再存在后重新分配给了其他变量,这就是导致出错的一个原因。

将上述例子修改一下,以便更深入地理解作用域。

【例 7.13】再探变量作用域。

源程序：

```c
#include <stdio.h>
int main()
{
    int a = 1;
    do
    {
        int a = 1;
        ++a;
        printf("\na = %d", a);
    }while( ++a <=7);
    printf("\na = %d\n", a);
    return 0;
}
```

运行结果：

```
a = 2
a = 2
a = 2
a = 2
a = 2
a = 2
a = 2
a = 8
```

程序说明：

运行后得到的结果是:前 7 行都是 a ＝ 2,最后一行为 a ＝ 8,从运行结果上看,答案可能略显无聊,但换个角度看,可以看出 do 循环里的 a 每次都被重新定义赋值,直到 a 的值超出了 7 停止循环,此时再输出 a 的值即为 8,这样来看是不是很有趣?

很明显,控制循环的变量是在 main() 开始时声明的那个变量。这个小例子演示了为什么最好不要在一个函数中对两个不同的变量使用相同的名称,虽然整体的程序是合法的但不是合情合理的。

每个函数体是一块,在一个函数内声明的自动变量是这个函数的变量,它完全独立于其他函数,因此,我们可以在不同的函数内使用相同的变量名称,它们是完全独立的,但是在实际应用中却不提倡这种做法,因为容易引起误解。

C 语言中的变量,按照使用范围的不同,可以分为局部变量和全局变量两种。

7.7.1　局部变量

局部变量是在函数内部定义的变量,在某些 C 语言教材中,局部变量又称为自动变量,这与使用可选关键字 auto 定义局部变量这一作法相一致。局部变量仅能被定义它的模块内部的语句所访问,而在自身所在代码模块之外是不可知的(想一下上面的例子),即局部变量在进入模块时生成,在退出模块时消亡。

在例 7.12 中,变量 a2 就是局部变量,该变量在 do 入口处建立,并在出口处消亡。因此 a2 仅在 do-while 循环语句块中可知,而在其他地方均不可访问。那么,在程序中如此定义变量又会有什么好处呢?

在一个条件块内定义局部变量的最大优点是仅在需要时才为之分配内存。采用这种方式所定义的局部变量仅在控制权转到它们被定义的块内时才进入生存期,这虽然在大多数情况下并不十分重要,但当代码用于专用控制器时,就变得十分重要了,因为这时候的 RAM 显得极其短缺。

注意:

局部变量的值不能在两次调用之间保持。局部变量会随着定义它的模块的进出口而建立或者释放,其存储的信息在模块工作结束后就会丢失,因而下次调用时该变量将不再具有上次调用结束后的值。

【例 7.14】局部变量作用域。

源程序:

```
#include <stdio.h>
int main()
{    int i=3,j=5,k;
    k=i+j;
    {
        int k=30;
    if(i=10)    printf("复合语句块内部:k=%d,i=%d\n",k,i);
    }
    printf("复合语句块外,主函数内:k=%d,i=%d\n",k,i);
```

```
    return 0;
    }
```

运行结果：

复合语句块内部:k=30,i=10

复合语句块外,主函数内:k=8,i=10

程序说明：

本程序在 main() 中定义了 i、j、k 这 3 个变量,其中 k 未赋初值,在复合语句内又定义了一个变量 k,并赋予初值 30,这两个 k 其实并不是同一个变量,运行时被分别赋予两个不同的内存空间。在复合语句块内由复合语句块内定义的 k 起作用,而在复合语句块外则由 main() 定义的 k 起作用。因此,复合语句块内输出的 k 值为复合语句块内所定义 k 的初始值 30,而复合语句块外 main() 中输出的 k 值为 main() 中定义的变量 k,经过"k=i+j;"语句的执行,该 k 值变为 8。对于变量 i,其作用域为从定义它的位置起到定义它的模块结束,也就是 main() 的结束处,因此,在复合语句内同样有效,且经过复合语句块的执行,其值被赋予了 10,故而输出的结果都为 10。

注意：

① main() 中定义的变量只能在 main() 中使用,其他函数不能使用。同样,main() 中也不能使用其他函数中定义的变量,因为函数是相互平行的。

② 形参变量是属于被调函数的局部变量,实参变量是属于主调函数的局部变量。

③ 允许在不同的函数中使用相同的变量名,但他们代表不同的对象,分配不同的存储单元,互不干扰,也不会发生混淆。

④ 在复合语句中也可以定义变量,其作用域只能在复合语句范围内。

7.7.2 全局变量

所谓全局变量,顾名思义,即贯穿于整个源程序的变量,可以被程序中的任何一个模块所使用,在整个程序执行期间均保持有效。全局变量也称为外部变量,定义在所有函数之外,可以由函数内的任何表达式访问。在前面例 7.12 的程序中,变量 a1 即为全局变量,它定义在 do-while 循环语句之外,对比例 7.13,我们会发现局部变量的值是会受到全局变量值的影响。

关于全局变量的几点说明：

(1) 全局变量的作用域。全局变量属于静态存储方式,其作用域为整个源程序,当一个源程序由多个源文件组成时,全局变量在各个源文件中都是有效的。

(2) 定义全局变量时,最理想的定义位置是在源文件的开头处,这样,在整个文件中的所有函数均可使用该变量。如果全局变量定义在后,而引用它的函数在前时,则应该在引用它的函数中用 extern 对此全局变量进行说明,以便通知编译程序。该变量是一个已在外部定义了的全局变量,已经分配过了存储单元,不需再为它另外开辟存储单元,其作用域从 extern 说明处起,延伸到该函数末尾。全局变量定义的一般形式为：

[extern]类型标识符 变量名 1,变量名 2,……

其中,方括号内的 extern 可以省略。全局变量声明的一般形式为：

extern 变量名 1,变量名 2,……

(3) 全局变量如果在定义时不进行初始化,则系统将自动赋予其初值,对数值型赋"0",对字符型赋空"\0"。

(4) 全局变量的定义与全局变量的声明并不是一回事。全局变量定义必须在所有的函数之外,且只能定义一次,而同一文件中全局变量的声明则可以有多次。比如:作为全局变量的外部变量,可以分别出现在要使用该外部变量的各个函数内。外部变量在定义时可以赋初始值,但外部变量声明时则不能再赋初始值,此时只是表明在函数内要使用某外部变量。

(5) 在同一源文件中,允许全局变量和局部变量同名。但是,在局部变量的作用域内,全局变量不起作用。

【例 7.15】局部变量与外部变量的使用。

源程序:

```
#include <stdio.h>
int i = 13,j = 5;              /* a、b 为全局变量 */
int max(int i,int j)           /* 定义 max 函数 */
{
    return i > j? i:j;         /* a、b 为局部函数 */
}
int main()
{
    int i = 28;                /* a 为局部变量 */
    printf("max=%d\n",max( i, j));
}
```

运行结果:

max= 28

程序说明:

程序第二行定义了外部变量 i、j,并使之初始化。第三行开始定义函数 max(),i 和 j 是形参,形参也是局部变量。函数 max 中的 i、j 不是外部变量 i、j,它们的值是由实参传给形参的值,外部变量 i、j 在 max 函数范围内不起作用。在 main 函数中定义了一个局部变量 i,因此全局变量 i 在 main() 函数范围内不起作用,而全局变量 j 在此范围内有效,因此 printf 函数中的 max(i、j)相当于 max(28,5)。

【例 7.16】任意输入一个长方体的长(l)、宽(w)、高(h),求出其体积与三个面(l*w,l*h,w*h)的面积。

源程序:

```
#include <stdio.h>
int vs(int a,int b,int c)
{    int v;
    extern s1,s2,s3;        /* 声明 s1,s2,s3 为全局变量 */
    v=a*b*c;
```

```
        s1=a * b;
        s2=a * c;
        s3=b * c;
        return v;
}
int s1,s2,s3;        / * 定义全局变量 * /
int main()
{     int v,l,w,h;
        printf("input length,width,height:\n");
        scanf("%d%d%d",&l,&w,&h);
        v=vs(l,w,h);
        printf("v=%d,s1=%d,s2=%d,s3=%d\n",v,s1,s2,s3);
        / * 全局变量在 vs()中获取值 * /
        return 0;
}
```

运行结果：

input length,width,height：

3 4 5

v=60,s1=12,s2=15,s3=20

程序说明：

本例中全局变量 s1、s2、s3 的定义在引用它们的函数 vs()之后,因此在 vs()中应该使用 extern 对其进行声明。

【例 7.17】局部变量与全局变量的使用。

源程序：

```
#include <stdio. h>
int a;
int main()
{
        int b, c;
        a = 1;b = 2;c = 3;
        a = a+1;b = b+1;c = c+b;
        {
                int c;
                c = b * 3;
                a = a+c;
                printf("first:%d, %d, %d\n",a, b, c);
        }
        printf("second:%d, %d, %d\n",a, b, c);
        return 0;
```

}
运行结果：

first：11,3,9

second：11,3,6

想一想：为什么两个输出结果会不同？

虽然全局变量作用域通常较大，用起来似乎很方便，但需要记住除了十分必要外，一般不提倡使用全局变量，原因主要有以下三个方面：

（1）全局变量全部存放在静态存储区，不论程序是否需要，在整个程序运行期间全局变量都会一直占用着内存空间，直到程序运行完毕才释放。

（2）全局变量必须在函数以外定义，降低了函数的通用性，这于函数的独立性相违背。

（3）使用全局变量容易因疏忽或使用不当而导致全局变量中的值意外改变（即所有的函数都可调用，有可能某个函数无意中将它的数值改变了，而这种改变是你没有意识到的，或者是你不愿意看到的），从而产生难以查找的错误。

7.8 变量的存储类型

从作用域（即可访问的空间）的角度来分，变量可以分为局部变量和全局变量。

从生存期（即值存在的时间）的角度来分，变量可以分为静态存储变量和动态存储变量。

存储类别是根据数据被存放的位置不同而进行分类的。C 语言中，变量可以存放在 CPU 的通用寄存器或者内存中。内存又分静态存储区与动态存储区两种。静态存储区存放的变量为静态存储变量，它们在程序运行期间被分配到固定的存储空间中，运行结束前始终占据内存。动态存储区存入的是动态存储变量，它们在程序运行期间根据需要被动态地分配到存储空间中，一旦离开作用域，所占内存即被释放。

在 C 语言中，每一个变量都有两个属性，即数据类型和存储类型。数据类型前面我们已经学习过，这里再来看一下存储类型。C 语言支持 4 种存储类型：自动的（auto）、静态的（static）、寄存器的（register）和外部的（extern）。这些存储类型可以告诉编译器如何存储相应的变量。变量定义的完整形式为：

存储类别 数据类型 变量名表；

例如：

auto int a,b;

static float i;

register char c;等等。

1. auto 变量

在函数中定义的局部变量，如果不做专门说明，都是动态分配存储空间的，它们存储在内存中的动态存储区，分配和释放存储空间的工作均由编译系统自动完成，因此这类局部变量称为自动变量。其定义形式为：

auto 数据类型 变量名表；

例如：

```
int f (int x)              /*定义 f 函数,x 为形参*/
{
    auto int a, b;         /*定义整型变量 a、b 为自动变量*/
    float y;               /*定义 y,缺省存储类型时为自动变量*/
    …
}
```

【例 7.18】自动变量的作用域。

源程序：

```
#include〈stdio. h〉
int main()
{    auto int a=5;
    {    auto int b;
        b=a+a;
    }
    printf("a=%d,b=%d\n",a,b);
}
```

运行后会发现,代码通不过编译,弹出"error C2065：′b′：undeclared identifier"的错误提示。这就和自动变量 b 的作用域有关了。

注意：

① 自动变量的作用域是在定义它的函数体或分程序内,一旦退出了该函数体或分程序,该变量就被释放。

② 当定义变量省略存储类型时,C 编译系统默认存储类型为 auto 型。

2. static 静态变量

static 关键字修饰的变量称为静态变量。静态变量在静态存储区分配存储单元,在程序运行期间自始至终占用被分配的存储空间。其定义形式为：

static 数据类型　变量名表；

static 可定义全局变量的存储类型,也可定义局部变量的存储类型。

（1）静态局部变量。在函数体内用 static 说明的变量称为静态局部变量。在程序运行期间,它占据一个永久性的存储单元,在退出函数后,值仍旧保留。

静态变量在编译时赋初值,且只赋一次初值,因此在程序运行时已经确定其初值的,以后调用函数时将不再赋初值,而是连续保留上一次函数调用时的结果。若不给静态局部变量赋初值,则系统默认初值为 0。

【例 7.19】分析下列程序运行结果。

源程序：

```
#include〈stdio. h〉
int test1();
int test2();
int main()
```

```
    {
        for(int i = 0; i <3; i++)
        {
            test1();
            test2();
        }
        return 0;
    }
    int test1()
    {
        int count = 0;
        printf("\ntest1 count = %d", ++count);
    }
    int test2()
    {
        static int count = 0;
        printf("\ntest2 count = %d ", ++count);
    }
```

运行结果：

test1 count = 1

test2 count = 1

test1 count = 1

test2 count = 2

test1 count = 1

test2 count = 3

程序说明：

由运行结果可以看出，这两个 count 变量的不同之处，其值的变化说明了它们是相互独立的。静态变量 count 在函数 test2() 内声明（所有的静态变量都会初始化为 0，除非人为地将其初始化为其他值），本例中的静态变量用于计算函数的调用次数，当程序开始执行时初始化它，程序退出函数后，它的当前值仍然保留，不接受后续调用中的重新初始化，仅仅只能被编译器初始化一次。只要程序开始执行，静态变量就一直存在，但仅能在声明它的范围内可见，不能在该作用域的外部引用。

对比自动变量与静态局部变量的异同。

① 自动变量属于动态存储类型，占动态存储空间，函数调用结束后释放；而静态局部变量属于静态存储类型，占静态存储空间，在整个程序运行期间都不释放。

② 静态局部变量的生存期虽然为整个源程序，但是，其作用域与自动变量相同，即只能在定义它的函数内使用，退出该函数后，尽管该变量还继续存在，但不能使用。

③ 自动变量赋初值是在函数调用时进行，每调用一次函数重新给一次初值，相当于执行一次赋值语句；而静态局部变量在编译时赋初值，且只赋初值一次。

④ 如果不对自动变量赋初值,则它的值是一个不确定的值;而如果不对静态局部变量赋初值,则编译时系统会自动为其赋初值0。

(2) 静态全局变量。全局变量本身就采用静态存储方式存储,静态全局变量当然也采用静态存储方式存储,在这点上两者并无区别,但是从作用域的角度来分析,两者之间就有区别了。非静态全局变量的作用域为整个源程序,而静态全局变量的作用域为定义该变量的源文件。当一个源程序由多个源文件组成时,如果希望某些全局变量只限于本文件使用,而不能被其他文件引用,则可以将其定义为 static 类型的,这样该全局变量就只能在本源文件中使用,其他源程序文件将不能引用该全局变量。

例如:

```
//file1. c
#include <stdio. h>
static n;
int fun();
int main()
{
    printf("n=%d\n",n);
    fun();
    return 0;
}
int n=10;
```

在 file1. c 中定义了一个全局变量 n,并用 static 声明,因此 n 只能用于本文件,即使在 file2. c 文件中使用了"extern n;"语句声明,也无法使用 file1. c 文件中的全局变量 n。

程序设计中常常需要由若干个人分别完成各个模块,采用 static 声明,可以保证不同人所设计的文件中使用相同的外部变量名而互不干扰,防止被其他文件误用。

对于全局变量,不管是否加 static 说明,均属于静态存储变量。使用 static 只是为了限制其引用范围。

static 类型标识符在不同的地方所起的作用不同。static 放在局部变量前,将把局部变量改为静态局部变量,实际上是改变了变量的存储方式,即改变了它的生存期;static 放在全局变量前,则将全局变量改为静态全局变量,实际上改变了它的作用域,限制了它的使用范围。

3. register 寄存器变量

用 register 关键字修饰的变量是寄存器变量。一般情况下,变量的值是存放在内存中的,如果某些变量要频繁使用,比如循环变量,为了提高变量的存取时间,可将这些变量存放在寄存器中,需要时直接从寄存器取出,而不必再到内存中去存取。其定义形式为:

register　数据类型　变量名表;

【例 7.20】寄存器变量的使用。

源程序:

#include <stdio. h>

```
int fac(int n)
{    register int i,f=1;      /* 指定 i、f 为 register 类型,可以使运算快些 */
    for(i=1;i<=n;i++)
        f=f*i;
    return(f);
}
int main()
{    int i;
    for(i=0;i<=5;i++)
        printf("%d! =%d\n",i,fac(i));
    return 0;
}
```

运行结果:

0! =1

1! =1

2! =2

3! =6

4! =24

5! =120

注意:

① 只有局部自动变量和形式参数可说明为寄存器变量。

② 一个计算机系统中的寄存器数目是有限的,因而不能定义任意多个寄存器变量。

③ 不同系统对 register 变量的处理方式不同。

当今的优化编译系统大多能够识别出使用频繁的变量,从而自动地将这些变量放在寄存器中,而不需要编程者指定。

4. extern 外部变量

用关键字 extern 修饰的变量是外部变量。C 语言允许单独编译一个程序的各个模块,然后链接起来,这样可以加速编译和管理大型的项目,所以必须提供一种方法让所有的文件了解程序,外部变量即为其方法之一。

extern 外部变量实际上相当于扩展了全局变量的作用域。全局变量的作用域为从变量定义处开始到程序的结尾,但使用 extern 声明全局变量可以使全局变量的作用域扩展到该全局变量的 extern 声明处开始到程序的结尾,这样就使全局变量可以在它定义之前被使用。具体参见前文的"全局变量"。

7.9 内部函数与外部函数

当一个源程序有多个源文件组成时,根据函数能否被其他源文件中的函数调用,可将 C 语言中的函数分为内部函数与外部函数。

1. 内部函数

如果一个函数只能被本源文件中的其他函数调用，而不能被同一程序其他源文件中的函数调用，那么这种函数称为内部函数或静态函数。其定义的一般形式为：

　　　　static 类型标识符　函数名（形参表）；

例如：static int fun(int a,int b);

使用 static 修饰的函数即为内部函数，其作用域只局限于所在源文件。这样就使得不同的源文件中可以使用同名的内部函数，不同的人在编写不同的函数时，也就不用担心会发生函数重名的冲突问题。另外，也可使函数变得相对隐秘与安全。

2. 外部函数

如果一个函数可以被其他源文件程序中的函数调用，则称为外部函数，也称为全局函数。其作用域为整个源程序。定义外部函数的一般形式为：

　　　　extern 类型标识符　函数名（形参表）

例如：extern int fun(int a,int b);

如果函数定义时未指明是 static 还是 extern，则默认为 extern。在一个源文件的函数中调用其他源文件中定义的外部函数时，应用 extern 说明被调函数是外部函数。

【例 7.21】外部函数的使用。

源程序：

```c
//file1. c ——源程序文件 1,含 main()与 mymax()
#include <stdio. h>
int main()
{    int x,y,z;
    int mymax(int a,int b);
    extern int mymin(int a,int b);        /*外部函数声明*/
    printf("Input two numbers:");
    scanf("%d%d",&x,&y);
    z=mymax(x,y);        /*调用 mymax()*/
    printf("Two numbers are %d,%d\n",x,y);
    printf("Max number is %d\n",z);
    printf("Min number is %d\n",mymin(x,y));        /*mymin()作为 printf()
                                                         的参数*/
    return 0;
}
int mymax(int a,int b)        /*定义 mymax()*/
{    if(a>b) return a;
    else return b;
}
//file2. c ——源程序文件 2,含 mymin()
int mymin(int a,int b)        /*定义 mymin()*/
{    int result;
```

```
    result=a<b? a:b;
    return result;
}
```

运行结果：

Input two numbers:56 23

Two numbers are 56,23

Max number is 56

Min number is 23

7.10 程 序 举 例

【例 7.22】利用函数编程计算 $s=1^k+2^k+3^k+\cdots+n^k(0\leqslant k\leqslant5)$。

算法分析：

对于表达式中的每一项 i^k，我们可定义函数"long power(int i,int k)"，由该函数返回 i^k 的值。另外，可定义函数"long f(int n,int k)"来计算每一项的累加和，通过函数的嵌套调用即可完成上式的计算。

源程序：

```c
#include <stdio.h>
long power(int i,int k)
{
    long power=1;
    int j;
    for(j=1;j<=k;j++)
        power  =i;
    return power;
}
long f(int n,int k)
{
    long sum=0;
    int i;
    for(i=1;i<=n;i++)
        sum+=power(i,k);
    return sum;
}
int main()
{
    int n,k;
    printf("请输入 n、k 的值:");
    scanf("%d %d",&n,&k);
```

```
        printf("最终的累加和为:%ld\n",f(n,k));
        return 0;
    }
```

运行结果:

请输入 n、k 的值:5   2

最终的累加和为:55

【例 7.23】比较两个分数的大小。

问题分析:

对于比较复杂的分数,我们不可能一下就比较出分数的大小,在人工方式下比较分数大小最常用的方法是:先进行分数的通分,然后比较分子的大小。例如分数 8/15 和分数 9/20,比较大小的原则是求出通分以后每个分数的分子,方法是找出分母的最小公倍数,同时分子乘以最小公倍数。

算法分析:

为比较分数 8/15 与 9/20 的大小,我们先进行通分,通分后,第一个分数的分子为 8 * 60/15,第二个分数的分子为 9 * 60/20,此时比较分子的大小即可。

在比较过程中,由于需要多次计算两个数(分母)的最小公倍数,因此这里将其设计为函数 fraction(),参数为两个整数,返回值为两个整数的最小公倍数。在函数体内保存两个整数的乘积,并求出这两个数据的最大公约数,返回"这两个整数的乘积与最大公约数整除的商",就是这两个数据的最小公倍数。

在主函数内进行分数的比较操作,输入两个分数,设置变量求出通分后两个分数的分子,分子大的分数大,分子小的分数小。

源程序:

```c
#include 〈stdio. h〉
int fraction(int a,int b)
{
    long int c;
    int d;
    if(a<b)
        c=a,a=b,b=c;        /* 若 a<b,则交换两变量的值 */
    c=a*b;
    while(b! =0)             /* 如果 b 不等于 0,求其最大公倍数 */
    {
        d=b;
        b=a%b;
        a=d;
    }
    return (int)c/a;
}
int main()
```

```
{
    int i,j,k,l,m,n;
    printf("请输入分数:\n");
    scanf("%d/%d,%d/%d",&i,&j,&k,&l);        /* 输入两个分数 */
    m=fraction(j,l)/j*i;        /* 求出第一个分数通分后的分子 */
    n=fraction(j,l)/l*k;        /* 求出第二个分数通分后的分子 */
    if(m>n)
        printf("%d/%d>%d/%d\n",i,j,k,l);        /* 比较分子的大小 */
    else if(m==n)
        printf("%d/%d=%d/%d\n",i,j,k,l);        /* 输出比较的结果 */
    else
        printf("%d/%d<%d/%d\n",i,j,k,l);
    return 0;
}
```

运行结果:

请输入分数:

3/4,5/8 3/4>5/8

程序说明:

上述程序由 main() 与 fraction() 函数组成,其中 main() 为程序入口,fraction() 在程序中有两处被调用。当程序执行到语句"m= fraction(j,l)/j*i;"时,暂停主函数的执行,转去执行 fraction() 函数,当 fraction() 函数执行完毕后,通过 return 语句返回一个 int 型值到 main() 暂停处,继续执行下一个语句"n= fraction(j,l)/l*k;",暂停主函数的执行,转去执行 fraction() 函数,当 fraction() 函数执行完毕后,再通过 return 语句返回一个 int 型的值到 main() 暂停处再继续执行后面的语句。

【例 7.24】三色球问题。

问题描述:

若一个口袋中放有 12 个球,其中有 3 个红的,3 个白的和 6 个黑的,现从中任取 8 个球,问共有多少种不同的颜色搭配。

算法分析:

一共有 3 种颜色的球,如果利用二层循环确定其中两种颜色球的数目,那么第三种球的数目就可以通过计算得到。设任取的红球个数为 i,白球个数为 j,则黑球个数为 $8-i-j$。

本例中,红球与白球个数的取值范围是 $0 \sim 3$,在红球与白球个数确定的条件下,黑球个数的取值应满足 $8-i-j \leqslant 6$。

源程序:

```
#include <stdio.h>
int print()
{
    int i,j,count=0;
```

```
        printf("红球白球黑球\n");
        printf("——————————————————————————————\n");
        for(i=0;i<4;i++)          /*循环控制变量 i 控制任取红球个数*/
            for(j=0;j<4;j++)      /*循环控制变量 j 控制任取白球个数*/
                if(8-i-j<7)       /*黑球满足条件*/
                    printf("%2d：  %d   %d   %d\n",++count,i,j,8-i-j);
}

int main()
{
        print();
}
```

运行结果：

红球   白球   黑球
——————————————————————————————

```
1：    0      2      6
2：    0      3      5
3：    1      1      6
4：    1      2      5
5：    1      3      4
6：    2      0      6
7：    2      1      5
8：    2      2      4
9：    2      3      3
10：    3      0      5
11：    3      1      4
12：    3      2      3
13：    3      3      2
```

程序说明：

本程序使用了两个 for 循环，第 1 个 for 循环的循环变量 i 用来控制红球个数，第 2 个 for 循环的循环变量 j 用来控制白球个数，循环体为一个 if 语句，用来判断黑球的取值是否小于或等于 6，如果是在这一范围之内，则输出各种球的个数和取法的种数。

本 章 小 结

C语言程序是由一个个具有不同功能的函数组成。在 C 语言中，函数分为标准库函数和用户自定义函数。本章主要介绍了用户自定义函数的定义与使用，多个函数构成的程序中变量和函数的存储属性及其影响。通过本章学习，掌握函数的使用和模块化程序设计的一般方法与技巧。

1. 函数的不同分类。标准函数与用户自定义函数,有返回值函数与无返回值函数,有参函数与无参函数。

2. 函数定义与声明的基本方法。函数定义的内容包括:存储类别说明、函数类型说明、函数名、函数参数、函数体及函数的返回值,其一般形式为:

[extern/static] 类型标识符　函数名([形参表]);

函数声明的一般形式为:

[extern] 类型标识符　函数名([形参表]);

3. 函数调用的一般形式为:

"函数名([实参表]);"

C 语言中允许函数的嵌套调用和递归调用。函数的嵌套调用是指在调用一个函数的过程中,被调函数还可调用另外一个函数;函数的递归调用是指在调用一个函数的过程中,直接或间接地调用了该函数自身。

4. 函数的参数分为形参与实参两种,形参出现在函数的定义中,而实参出现在函数的调用中,当函数调用发生时,将会把实参的值传递给形参。

5. 函数的值是指函数的返回值,在函数中由 return 语句返回。

6. 数组名作为函数参数时,将不进行值传送而进行地址传送。实参和形参实际上为同一数组的两个名称,因此形参数组的值发生变化,实参数组的值也会跟着发生变化。

7. 变量的作用域是指变量在程序中的有效范围,分为局部变量和全局变量。

8. 变量的存储类型是指变量在内存中的存储方式,分为静态存储和动态存储,表示了变量的生存期。

9. 当一个源程序由多个文件组成时,C 语言又把函数分为两类:内部函数和外部函数。

习　　题

一、问答题

1. 请分析函数参数传递中"值传递"和"地址传递"的区别是什么?

2. 请分析说明全局变量与局部变量的异同点。

二、编程题

1. 有 5 个人坐在一起,问第五个人多少岁时,他说比第 4 个人大 2 岁;问第 4 个人岁数,他说比第 3 个人大 2 岁;问第三个人,又说比第 2 人大 2 岁;问第 2 个人,说比第 1 个人大 2 岁;最后问第 1 个人,他说是 10 岁。请编程实现:当输入第几个人时求出其对应年龄。

2. 请编程实现分数运算器:

示例:1/2+1/3= 5/6。

3. 一球从 100 米高度自由落下,每次落地后反跳回原高度的一半后再落下,求它在第 10 次落地时,共经过了多少米? 第 10 次反弹的高度又是多高呢?

4. 利用递归调用编程实现函数:

$$F = (n+m)! + n! \quad (m,n \text{ 为任意正整数})$$

5. "回文数"是指将任意一个自然数的各位数字反向排列所得到的数与其本身相同的数,如:1234321 就是一个回文数,而 1234567 就不是回文数。请利用函数编程找出 0～1000 以内的回文数。

6. 如果两个数中,每一个数的除了自身之外的所有约数之和正好等于另外一个数,则称这两个数为互满数。请利用函数编程找出 0～1000 以内的所有互满数。

7. 利用函数的嵌套调用完成下列计算:

已知

$$y = \frac{f(x,n)}{f(x+2.3,n)+f(x-3.2,n+3)}$$

其中 $f(x,n) = 1 - \frac{x^2}{2!} + \frac{x^4}{4!} - \cdots + (-1)^n \frac{x^{2n}}{(2n)!}$ $(n \geqslant 0)$,计算当 $x = 5.6, n = 7$ 时的 y 值。

第 8 章　编译预处理

【内容简介】

在 C 语言程序中,加入一些预处理命令,可以改善程序设计的环境,有助于编写、易读、易移植、易调试,也是模块化程序设计的一个工具。本章将主要介绍与编译预处理、宏、文件包含等相关的内容。

【学习要求】

通过本章的学习,要求了解编译预处理的基本概念;理解宏定义;掌握宏和文件包含命令的使用方法;并能够正确使用带参宏。

C 语言提供了多种预处理功能,如宏定义、文件包含等。合理地使用这些预处理功能,能够使程序便于阅读、修改、移植及调试,同时也有利于程序的模块化设计。本章主要介绍几种常用的预处理功能。

8.1　预处理概述

在 C 程序的生命周期中,开始时是一个高级 C 语言程序。为了在系统中运行 C 程序,每条 C 语句都必须被其他程序转化为一系列的低级机器语言指令,然后经过预处理、编译、汇编、链接才能被加载到内存中,由系统执行。例如,源程序文件 hello.c 的翻译过程如图 8-1 所示:

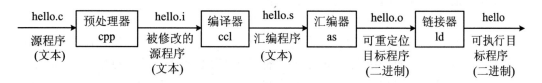

图 8-1　源程序文件的翻译过程

预处理器(cpp)根据字符♯开头的命令来修改原始的 C 程序。比如每个程序第一行的♯include<stdio.h>命令告诉预处理器读取系统头文件 stdio.h 的内容,并把它直接插入到程序文本中。结果就得到了另一个 C 程序,通常是以“.i”作为文件扩展名。

ANSI 标准定义的 C 语言预处理程序主要包含下列命令:

　　♯ define

　　♯ error

　　♯ include

　　♯ if

　　♯ else

　　♯ elif

```
# end if
# ifdef
# ifndef
# undef
```

　　所有的预处理命令都以符号"♯"开头,且每一条预处理命令都必须单独占用一行。由于预处理命令不是 C 的语句,因此结尾处没有";",以区别于一般 C 语句。在源程序中,这些预处理命令一般都放在函数之外,而且一般都放在源文件的开头部分(可以放在首次出现"宏名"的任何位置),称为预处理部分。

　　预处理是指在进行编译的第一遍扫描(词法扫描和语法分析)之前所做的工作。预处理是 C 语言的一个重要功能,它由预处理程序(编译系统模块之一)负责完成。当对一个源文件进行编译时,系统将自动引用预处理程序对源程序中的预处理部分作处理,处理完毕自动进入对源程序的编译。

8.2　宏　定　义

　　在 C 程序中,允许使用一个标识符来表示一个符号串,称为"宏"。被定义为"宏"的标识符称为"宏名"。在编译预处理时,对程序中所有出现的"宏名",都用宏定义中的符号串去代换,称为"宏代换"或"宏展开"。宏代换是由预处理程序自动完成的,而宏定义是由源程序中的宏定义命令完成。

　　宏定义是通过"♯define"开头的编译预处理命令来实现的,可分为无参宏、带参宏。

8.2.1　无参宏定义

　　无参宏的宏名后不带参数,其命令的一般形式为:
　　　　♯define 标识符 符号串
　　其中,"♯"表示这是一条预处理命令,凡是以"♯"开头的均为预处理命令;"define"为宏定义命令;"标识符"为所定义的宏名;"符号串"为宏名代表的字符串,可以是常数、表达式、格式串等。在标识符和符号串之间可以有任意多个空格,其结束标志着一新行的结束。例如:
　　　　♯define TURE 1
　　　　♯define FALSE 0
　　这两句分别将 TRUE 定义为 1 这个数值,将 FALSE 定义为 0,该数值宏名定义后,还可作为其他宏名定义中的一部分。

　　【例 8.1】无参宏应用举例。
　　程序代码:

```
# include 〈stdio. h〉
# define PI 3. 1415926
int main(void)
{
```

```
float R,l,s,v;
printf("请输入半径:");
while(scanf("%f", &R) ! = NULL)
{
l = 2.0 * PI * R;
s = PI * R * R;
v = 3.0/4.0 * PI * R * R * R;
printf("R = %.2f,l = %.2f,s = %.2f,v = %.2f\n", R, l, s, v);
printf("请输入半径:");
}
return 0;
}
```

运行结果:

　　请输入半径:3.0

　　R＝3.00,l＝18.85,s＝28.27,v＝63.62

程序说明:

本例指定标识符"PI"来代替"3.1415926"这个符号串。这种方法使用户能用一个简单而有意义的名字来代替一个长的符号串,减少重复书写某些符号串的工作量。

经常与♯define 配对使用的宏命令为:♯undef,表示终止宏定义的作用域,一般格式为:

　　♯undef 宏名

【例8.2】宏定义的作用域。

程序代码:

```
♯include 〈stdio.h〉
♯define PRICE 4
int main()
{   int i＝50;
    printf("i * PRICE＝%d\n",i * PRICE);
    ♯undef PRICE
    ♯define PRICE 8
    printf("i * PRICE＝%d\n",i * PRICE);
}
```

运行结果:

　　i * PRICE＝200

　　i * PRICE＝400

程序说明:

本例中,宏名 PRICE 在不同的范围内被代换成了不同的宏值。程序中定义的宏名只要没有使用♯undef 命令对其取消,其作用域将为宏定义命令定义的位置到源程序的结尾。利用♯undef 命令能够使宏定义限制在需要它们的程序段中。

有关宏定义的几点说明：

（1）宏名一般用大写字母表示，用来与变量区别，但这并非是规定。

（2）宏定义不是说明语句，不能在行末加"；"，否则，宏展开时会将"；"作为符号串的一个字符，参与替换宏名。

（3）宏展开只是一种简单的代换，符号串中可以含任何字符，可以是常数，也可以是表达式，预处理程序不会对它做任何检查，也不会分配内存空间，如果有错误，也只能在编译已被宏展开后的源程序时发现。

（4）宏定义命令♯define一般放在函数的外部，其作用域为：从定义宏命令之后，到本文件的结束。通常宏定义命令放在文件的开头处。

（5）宏名在源程序中若用引号括起来，则预处理程序不会对其作宏代换。

【例8.3】不对引号内标识符作宏代换。

程序代码：

```
♯include ⟨stdio. h⟩
♯define OK 100
int main()
{
    printf("OK");
    printf("\n");
}
```

运行结果：

```
    OK
```

程序说明：

本例中定义宏名OK表示100，因printf()中的OK被引号括了起来，因此预处理程序将不作宏代换，OK被当成普通字符串来处理，故而输出结果为OK。

（6）宏定义允许嵌套。在定义一个新的宏时，可以使用已经定义过的宏名，在宏展开时由预处理程序进行层层代换。但要注意的是，同一个宏名不能被重复定义，且在利用已经定义过的宏来定义新宏时，要注意其中的括号。

例如：

```
♯define   W   10
♯define   L   (W+20)
```

宏L等价于：

```
♯define L (10+20)
```

但其中的括号不能省略。因为对于表达式：

```
x = L * 30;
```

若宏L定义中有括号，则预处理后变为：

```
x = (10+20) * 30;
```

若宏L定义中没有括号，则预处理后变为：

```
x = 10+20 * 30;
```

显然，两者的结果是不一样的。

【例 8.4】例 8.1 的另一种实现。

程序代码：

```
#include <stdio. h>
#define R 3.0
#define PI 3.1415926
#define L 2.0*PI*R
#define S PI*R*R
#define V 4.0/3.0*PI*R*R*R
int main(void)
{
printf("R = %.2f,L = %.2f,S = %.2f,V = %.2f\n", R, L, S, V);
}
```

运行结果：

R = 3.00,L = 18.85,S = 28.27,V = 63.62

(7) 可以使用宏定义表示数据类型，使书写方便。

例如：

```
#define   INTEGER   int
#define   STU   struct   student
```

在程序中就可以用 INTEGER 作整型变量说明："INTEGER a,b;"，也可以使用 STU 作结构体变量说明："STU body[5];"。

注意：用宏定义表示数据类型和用 typedef 定义数据说明符是不一样的。宏定义只是用简单的符号串代换，是在预处理阶段完成的，而 typedef 不是作简单的代换，而是对类型说明符重新命名，被命名的标识符具有类型定义说明的功能，在编译时进行处理。

例如：

```
#define   PIN1   int *
typedef   int   *   PIN2;
```

从形式上看两者相似，但在实际使用中却不相同：

```
PIN1 a,b;
```

经宏代换后变成："int * a,b;"，表示 a 是指向整型的指针变量，而 b 是整型变量。

```
PIN2 a,b;
```

则相当于"int * a;int * b;"，表示 a、b 都是指向整型的指针变量，因为 PIN2 是一个类型说明符。

【例 8.5】对"输出格式"作宏定义应用。

程序代码：

```
#include <stdio. h>
#define P printf
#define D "%d\n"
#define F "%f\n"
int main()
```

```
{
    int a＝2,c＝4,e＝8;
    float b＝1.2,d＝2.4,f＝4.8;
    P(D F,a,b);
    P(D F,c,d);
    P(D F,e,f);
}
```

请自行分析这段代码的运行结果。

8.2.2　带参宏定义

C语言允许宏带有参数。在宏定义中的参数称为形式参数,在宏调用中的参数称为实际参数。对带参数的宏,在调用中,不仅要宏展开,而且要用实参去代换形参。

带参宏定义的一般形式为:

　　♯define 宏名(形参表)　符号串

带参宏调用的一般格式为:

　　宏名(实参表)

例如:

　　♯define　M(a,b)　a＊a＋b＊b

　　x ＝ M(3,4);

在宏调用时,用实参 3、4 去代替形参 a、b,经预处理宏展开后的语句为:

x＝3＊3＋4＊4;

【例 8.6】输入两个整数,找出其中较大的数。

程序代码:

```
♯include〈stdio.h〉
♯define MAX(a,b) (a＞b)? a:b
int main(void)
{    int x,y;
    printf("请输入两个整数:");
    scanf("%d%d", &x, &y);
    printf("较大的数是:%d\n", MAX(x,y));
}
```

运行结果:

　　请输入两个整数:12　24

　　较大的数是:24

程序说明:

本例中,程序第 2 行进行带参宏定义,用宏名 MAX 表示条件表达式"(a＞b)? a:b",形参 a、b 均出现在条件表达式中。程序第 7 行 printf 语句中的 MAX(x,y)为宏调用,实参 x、y 将代换形参 a、b。经过宏展开后变为"(x＞y)? x:y",从而计算出 x、y 中的大数。

对于带参的宏定义有以下几点说明：

(1) 带参宏定义中，宏名和形参表的左圆括号之间不能有空格出现。否则，C 编译系统会将空格后的所有字符作为替代字符串，而将该宏视为无参宏。

例如把"♯define MAX(a,b) (a>b)? a:b"写为"♯define MAX (a,b) (a>b)? a: b"将被认为是无参宏定义，宏名 MAX 代表字符串"(a,b)(a>b)? a:b"。在宏展开时，宏调用语句"max=MAX(x,y);"将变为"max=(a,b)(a>b)? a:b(x,y);"显然是错误的。

(2) 带参宏定义中，形式参数不分配内存单元，因此不必作类型定义。而宏调用中的实参有具体的值，要用它们去代换形参，因此必须作类型说明。这一点与函数中的参数不同。在函数中，形参和实参是两个不同的量，各有自己的作用域，调用时要把实参值赋予形参，进行"值传递"。而在带参宏中，只是符号代换，不存在值传递的问题。

(3) 宏定义中的形参是标识符，而宏调用中的实参可以是常量、变量、表达式等。

【例 8.7】表达式作为宏调用中的实参。

程序代码：

```
♯include <stdio. h>
♯define SQ(y) (y)*(y)
int main()
{    int a,sq;
    printf("input a number: ");
    scanf("%d",&a);
    sq=SQ(a+1);
    printf("sq=%d\n",sq);
}
```

运行结果：

```
input a number: 3
sq=16
```

程序说明：

本例中使用表达式"a+1"作为实参进行宏调用。在宏展开时，用 a+1 代换 y，再用 (y)*(y) 代换 SQ，得到语句"sq=(a+1)*(a+1);"。

这与函数调用是不相同的。函数调用时要先把实参表达式的值求出来，然后再赋予形参。而宏代换中对实参表达式不作计算，直接照原样代换。

(4) 在宏定义中，符号串中的参数通常要用括号括起来，而且整个符号串部分也最好用括号括起来，这样能够保证在任何替代情况下，都不会出现差错。

【例 8.8】如果去掉例 8.7 宏定义中形参的小括号，把程序改为以下形式。

程序代码：

```
♯include <stdio. h>
♯define SQ(y) y*y
int main()
{    int a,sq;
    printf("input a number: ");
```

```
    scanf("%d",&a);
    sq=SQ(a+1);
    printf("sq=%d\n",sq);
}
```

运行结果：

```
    input a number:3
    sq=7
```

程序说明：

同样输入 3,但结果却是不一样的。这就是由于代换时只作符号代换而不作其他处理所造成的。宏代换后将得到语句"sq=a+1*a+1;",由于 a 为 3,故 sq=3+1*3+1的值为 7。

【例 8.9】再次修改例 8.7 中的代码,分析以下程序。

程序代码：

```
#include <stdio. h>
#define SQ(y) (y)*(y)
int main()
{    int a,sq;
    printf("input a number: ");
    scanf("%d",&a);
    sq=160/SQ(a+1);
    printf("sq=%d\n",sq);
}
```

运行结果：

```
    input a number:3
    sq=160
```

程序说明：

与例 8.7 相比,只是把宏调用语句改为"sq=160/SQ(a+1);",希望在输入 3 时,获得的结果为 sq=10,但实际运行的结果却是 sq=160。

分析其宏调用语句,在宏代换之后变为"sq=160/(a+1)*(a+1);",a 为 3 时,由于"/"和"*"运算符优先级和结合性相同,故而先做 160/(3+1)得 40,再做 40*(3+1),最后得 160。

为了得到正确答案,应该在宏定义中的整个符号串外加上括号,即将宏定义写为"#define SQ(y) ((y)*(y))",请自行修改代码看下运行结果。

(5) 带参的宏和带参函数很相似,但有本质上的不同,除上面已谈到的各点外,把同一表达式用函数处理与用宏处理两者的结果有可能是不同的。

【例 8.10】同一表达式用函数处理与用宏处理两者的差异。

程序代码 1：
```
#include〈stdio.h〉
int SQ(int y)
{
    return((y)*(y));
}
int main()
{   int i=1;
    while(i<=5)
    printf("%d\n",SQ(i++));
}
```
运行结果 1：
```
1
4
9
16
25
```

Ⓥ Ⓢ.

程序代码 2：
```
#include〈stdio.h〉
#define SQ(y) ((y)*(y))
int main()
{   int i=1;
    while(i<=5)
        printf("%d\n",SQ(i+
        +));
}
```
运行结果 2：
```
1
9
25
```

程序说明：

在程序代码 1 中函数名为 SQ，形参为 y，函数体表达式为((y)*(y))；在程序代码 2 中宏名为 SQ，形参也为 y，字符串表达式为((y)*(y))，两者看似是相同的。程序代码 1 的函数调用为 SQ(i++)，程序代码 2 的宏调用为 SQ(i++)，实参看似也相同。但是，从运行结果上来看，两者却大不相同。

程序代码 1 中，函数调用时是把实参 i 值传给形参 y 后自增 1，然后输出函数值，循环 5 次，共输出 1～5 的 5 个平方值。而在程序代码 2 中，宏调用时只作代换，SQ(i++)被代换为((i++)*(i++))，在第一次循环时，由于 i 等于 1，其计算过程为：表达式中 i 初值为 1，运算后得到第一个运算结果 1*1=1，然后前一个 i++使得 i 自增 1 变为 2，后一个 i++又使 i 自增 1 变成了 3；因此在第二次循环中，i 的初值为 3，先参与表达式的运算得到结果：3*3=9，然后前一个 i++使得 i 自增 1 变为 4，后一个 i++又使 i 自增 1 变成了 5，5 满足条件 i≤5 进入第三次循环；在第三次循环中，i 的初值为 5，先参与表达式的运算得到结果：5*5=25，然后前一个 i++使得 i 自增 1 变为 6，后一个 i++又使 i 自增 1 变成了 7，由于 7 不满足条件 i≤5，循环结束。

由此可见，函数调用与宏调用二者在形式上相似，但是在本质上却是完全不同的。

（6）宏定义也可用来定义多个语句，在宏调用时，把这些语句又代换到源程序内，利用这一点我们可以得到多个结果。

【例 8.11】利用宏定义可以得到多个结果。

程序代码：
```
#include〈stdio.h〉
#define SSSV(s1,s2,s3,v) s1=l*w;s2=l*h;s3=w*h;v=w*l*h;
```

```
int main()
{    int l=3,w=4,h=5,sa,sb,sc,vv;
     SSSV(sa,sb,sc,vv);
     printf("sa=%d\nsb=%d\nsc=%d\nvv=%d\n",sa,sb,sc,vv);
}
```

运行结果：

sa=12

sb=15

sc=20

vv=60

程序说明：

本例第二行的宏定义中，用宏名 SSSV 表示 4 个赋值语句，4 个形参分别为 4 个表达式中赋值符号左边的变量。在宏调用时，把 4 个语句展开并用实参代替形参，从而把计算结果送入实参之中。

8.3　文　件　包　含

文件包含是 C 语言预处理程序的另一个重要功能。它是以"＃include"开头的编译预处理命令，可以指示预处理器将 ＃include 指定的源文件插入该命令所在位置处，将指定的源文件和当前的源文件连成一个源文件。利用文件包含能够将一个源文件的全部内容包含到另一个源文件中，如图 8-2 所示。

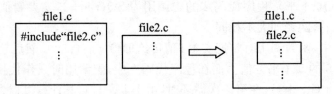

图 8-2　文件包含语义

文件包含命令行的一般形式为：

　　＃include〈文件名〉　或　＃include"文件名"

前面我们已多次运用此命令包含过库函数的头文件。

例如：

　　＃include〈stdio. h〉

　　＃include"math. h"

在程序设计中，文件包含是很有用的。一个大的程序可以分为多个模块，由多个程序员分别编写。利用文件包含可以将多个模块共用的数据（如符号常量、宏定义、数据结构等）或函数集中到一个单独的文件中。这样，凡是要使用这些数据或函数的，只需在其文件的开头用包含命令将所需的文件包含进来即可，不必再重复定义这些公共量，从而节省时间，并减少出错。

有关文件包含命令的几点说明：

（1）包含命令中的文件名可以用双引号括起来，也可以用尖括号括起来。但是这两种形式是有区别的。使用尖括号表示在包含文件目录中去查找（包含目录是由用户在设置环境时设置的），而不是到源文件目录中去查找；使用双引号则表示首先在当前的源文件目录中查找，若未找到才到包含目录中去查找。用户编程时可根据自己文件所在的目录来选择某一种命令形式。

（2）一个 include 命令只能指定一个被包含文件，若有多个文件要包含，则需要用多个 include 命令。

（3）文件包含允许嵌套，即在一个被包含的文件中又可以包含另一个文件。

（4）被包含文件中的全局变量也是包含文件中的全局变量，因此在包含文件中对这些变量不必再加 extern 说明也可加以引用。

（5）被包含文件的扩展名一般用.h（头），表示是在文件开头加进来的，其内容可以是程序文件或数据文件，也可以是宏定义、全局变量声明等。这些数据都有相对的独立性，可被多个文件使用，不必在各个文件中都去定义，只需在一个文件中定义，其他文件中包含这个定义文件即可。

【例 8.12】文件包含的简单应用

（1）建立文件 format. h

```
#define PR printf
#define NL "\n"
#define D "%d"
#define D1 D NL
#define D2 D D NL
#define D3 D D D NL
#define D4 D D D D NL
#define S "%s"
```

（2）建立源文件 file. c

```
#include <stdio. h>
#include"format. h"
void main()
{    int a=1,b=2,c=3,d=4;
     char string[]="CHINA";
     PR(D1,a);
     PR(D2,a,b);
     PR(D3,a,b,c);
     PR(D4,a,b,c,d);
     PR(S,string);
}
```

请自行运行查看结果。

8.4 条 件 编 译

通常情况下,源程序在编译时,所有的行都要参与编译。但在有些情况下,我们只希望编译其中满足某个条件的一部分代码,也就是让编译器对源程序内容按照指定的条件进行取舍,这就是"条件编译"。

预处理程序提供了条件编译的功能。可以按不同的条件去编译程序的不同部分,从而产生不同的目标代码文件。这对于程序的移植和调试是很有用的。

条件编译的形式主要有三种:

1. 形式一

```
#ifdef 标识符
    程序段 1
#else
    程序段 2
#endif
```

其功能是:如果标识符已被#define命令定义,则对程序段1进行编译;否则对程序段2进行编译。如果没有程序段2(它为空),本格式中的#else可以没有,即可以写为:

```
#ifdef 标识符
    程序段
#endif
```

【例 8.13】条件编译之一。

```
#define TEST yes
main()
{   …
    …
    #ifdef TEST
        printf("This is a test program!");
    #else
    printf(…);
    #endif
    …
    …
}
```

本例的程序中插入了条件编译预处理命令,因此要根据 TEST 是否被定义来决定编译哪一个 printf 语句。程序的第一行已对 TEST 作过宏定义,因此应对第一个 printf 语句作编译。

程序第一行定义宏 TEST 为字符串 yes,其实也可以为任何字符串,甚至不给出任何字符串,写为:"#define TEST"也具有同样的意义。只有取消程序的第一行才会去编译第二个 printf 语句。

2. 形式二

```
#ifndef 标识符
    程序段 1
#else
    程序段 2
#endif
```

当然,如果没有程序段 2,也可以省去 #else。相比于形式一,其区别是将"ifdef"改为了"ifndef"。其功能是:如果标识符未被 #define 命令定义过则对程序段 1 进行编译,否则对程序段 2 进行编译。这与形式一的功能正好相反。

3. 形式三

```
#if 常量表达式
    程序段 1
#else
    程序段 2
#endif
```

其功能是:如常量表达式的值为真(非 0),则对程序段 1 进行编译,否则对程序段 2 进行编译。因此可以使程序在不同条件下,完成不同的功能。

【例 8.14】条件编译之二。

程序代码:

```c
#include <stdio.h>
#define R 1
int main()
{    float c,r,s;
    printf("input a number: ");
    scanf("%f",&c);
    #if R
        r=3.14159 * c * c;
        printf("area of round is: %f\n",r);
    #else
        s=c * c;
        printf("area of square is: %f\n",s);
    #endif
}
```

运行结果:

```
input a number: 2
area of round is: 12.566360
```

程序说明:

本例采用了第三种形式的条件编译。在程序第一行宏定义中,定义 R 为 1,因此在条件编译时,常量表达式的值为真,故而计算并输出圆面积。

　　当然,本例也可以用条件语句来实现其功能。但是,用条件语句将会对整个源程序进行编译,生成的目标代码程序就会很长;而采用条件编译,则根据条件只编译其中的程序段 1 或程序段 2,因此生成的目标程序相对较短。如果条件选择的程序段很长,采用条件编译的方法是十分必要的。

8.5　程　序　举　例

【例 8.15】宏的作用域以及无参宏的使用。
程序代码:

```
#include ⟨stdio. h⟩
#define R (3.0)
#define PI (3.1415926)
#define L (2)　(PI)　(R)
#define begin {
#define end }
#define forever for(;;)
int main()
begin                /* { */
printf("L=%f",L);
#undef PI            /*取消对 PI 的宏定义*/
forever;             /*for(;;);　无限循环*/
end                  /* } */
```

【例 8.16】宏参数中括号的作用。
程序代码:

```
#include ⟨stdio. h⟩
#define S1(a,b) a*b
#define S2(a,b) ((a)*(b))
#define max(a,b) ((a)>(b)? (a):(b))
int main()
{     int x=3,y=4,i=5,j=6,m,n,z;
    m=S1(x+y,x-y);     /* m=x+y*x-y */
    n=S2(x+y,x-y);     /* n=((x+y)*(x-y)) */
    z=max(i++,j++);    /* z=((i++)>(j++)? (i++):(j++)) */
                       /* z==7,i==6,j==8 */
    printf("m=%d\n",m);
    printf("n=%d\n",n);
    printf("z=%d\n",z);
}
```

运行结果:

```
        m=11
        n=-7
        z=7
```

【例 8.17】宏的嵌套定义。

程序代码：

```
#include <stdio. h>
#define FUDGE(y) 2. 84+y
#define PR(a) printf("%d",(int)(a))
#define PRINT1(a) PR(a);putchar('\n')
int main()
{     int x=2;
      PRINT1(FUDGE(5) * x);
}
```

运行结果：

```
        12
```

程序说明：

本程序中定义了 3 个带参的宏名：FUDGE、PR、PRINT1。在 main() 的宏调用中，首先遇到宏名 PRINT1，其所带的实参为 FUDGE(5) * x，按照宏展开的原则将其展开为：

```
        PR(FUDGE(5) * x);putchar('\n');
```

该式中又含有宏名 PR 和 FUDGE，再将 PR 展开为：

```
        printf("%d",(int)( FUDGE(5) * x)); putchar('\n');
```

进一步将宏名 FUDGE 展开，并代入 x 的值，最后得到：

```
        printf("%d",(int)(2. 84+5 * 2)); putchar('\n');
```

故而得到运行结果为 12。

【例 8.18】条件编译的应用：输入一行字母字符，根据设置的条件，能将字母全改为大写输出，或全改为小写输出。

程序代码：

```
#include <stdio. h>
#define CONDITION 1
int main()
{     char str[20]="How are you",c;
      int i=0;
      while((c=str[i])! ='\0')
      {     i++;
            #if CONDITION
                if(c>='a'&&c<='z')
                    c=c-32;
            #else
                if(c>='A'&&c<='Z')
```

```
                    c＝c＋32;
           ＃endif
                printf("％c",c);
        }
    }
```

运行结果：

HOW ARE YOU

本 章 小 结

预处理是 C 语言特有的功能，能够改进程序环境，提高编程效率。该功能是在对源程序正式编译前由预处理程序完成的，编程中采用预处理命令即可调用这些功能。

1. 宏定义是用一个标识符来表示一个字符串，这个字符串可以是常量、变量或表达式。在宏调用中将用该字符串代换宏名。宏定义可以带有参数，宏调用时是以实参代换形参，而不是"按值传送"。为了避免宏代换时发生错误，宏定义中的字符串应加括号，字符串中出现的形式参数两边也应加括号。

2. 文件包含是预处理的一个重要功能，它可用来把多个源文件连接成一个源文件进行编译，结果将生成一个目标文件。

3. 条件编译允许只编译源程序中满足条件的程序段，使生成的目标程序较短，从而减少了内存的开销，并提高了程序的效率，增强了程序的可移植性。

习 　 题

1. 编写程序，分别使用函数和带参的宏，找出 3 个数中的最大值。

2. 已知 x＝3.2,y＝4.6,请定义一个带参数的宏 PR(x,y),使程序中的语句 "PR(x,y);"能打印输出：x has value 3.2 and y has value 4.6。

3. 把第 1 题的宏定义放在一个扩展名为 h 的文件中，主程序利用 ＃include 包含该文件。

4. 编写程序给年份定义一个宏，以判断该年份是否是闰年，并实现对输入年份的闰年判断。

5. 编写程序利用条件编译方法实现以下功能：输入一个正整数，当宏 CIRCLE 是定义的，则输出以该数为半径的圆的周长与面积；当宏 CIRCLE 没有定义时，输出以该数为边的正三角形的周长和面积。

第 9 章　指　　针

【内容简介】

指针是 C 语言中重要的数据类型,是 C 语言的精髓,在 C 语言中扮演着非常重要的角色。正确而灵活地运用指针可以高效地解决编程过程中复杂的问题,从而编写出简洁、精练、高效的程序。本章主要介绍指针的概念、指针变量的定义、初始化和引用方法、指针的操作符和指针的运算、指针与数组、指针与字符串的综合应用等内容。

【学习要求】

通过本章的学习,要求掌握指针这种数据类型;理解指针的概念;掌握指针变量的使用,指针和数组、指针和字符串的综合应用。

9.1　理解地址和指针

当计算机运行一个程序时,所有的数据都是存放在存储器中。我们通过为存储器的内存单元编号来唯一地确定并使用它们,这些编号就称为地址。就像我们每个人的身份证号码一样,来唯一地标识并区分我们每一个人。

我们把存储器中的一个字节称为一个内存单元,不同的数据类型所占用的内存单元数不等,如在 Visual C++6.0 中整型数据占 4 个单元,字符数据占 1 个单元,单精度浮点型数据占 4 个单元,双精度浮点型数据占 8 个单元等。为了能正确地访问存储器中的内存单元,必须为每个内存单元编上号码。根据一个内存单元的编号即可准确地找到该内存单元。内存单元的编号就叫做地址。因为根据内存单元的编号或地址就可以找到所需要的内存单元,所以通常也把这个地址称为指针。

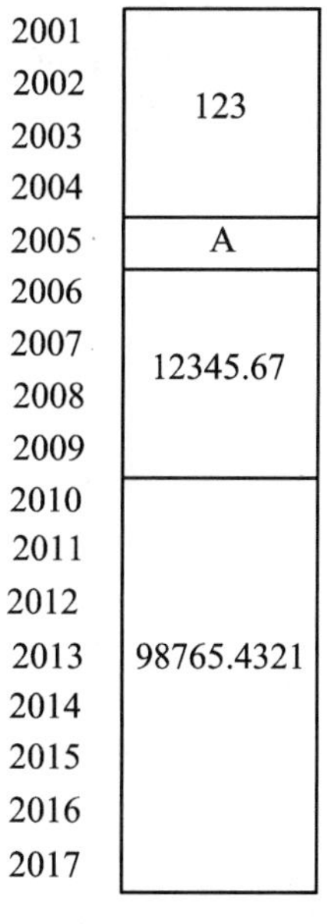

指针和普通的变量一样是一种数据对象,占用一定的存储空间,所不同的是,指针的存储空间中存放的不是普通的数据,而是一个数据对象的地址。当 C 程序中定义一个变量时,系统就会分配一个带有唯一地址的存储单元来存储这个变量。

例如,若有下面的变量定义:

int a=123;

char b='A'；　　　　　float c=12345.67；

double d=98765.4321；　…

图 9-1　存储空间分配示意图

系统将根据变量的数据类型,分别为 a、b、c 和 d 分配 4 个、1 个、4 个和 8 个字节的存储单元(图 9-1),此时变量所占存储单元的第一个字节的地址就是该变量的地址。

9.2　指针和指针变量

在C语言中,允许用一个变量来存放指针,这种变量称为指针变量,该变量存放的就是某个内存单元的地址。

内存单元的指针和内存单元的内容是两个不同的概念。可以用一个通俗的例子来说明它们之间的关系。我们去交话费时,在话费单上写入手机号码和存入话费的金额。工作人员根据手机号码找到你的账户,然后存入相应的话费,你的手机号码就相当于内存单元的指针,话费的数额就相当于内存单元的内容。对于一个内存单元来说,单元的地址即为指针,其中存放的数据才是该单元的内容。在C语言中,用指针变量来存放指针。因此,一个指针变量的值就是某个内存单元的地址。

例如:

int x;

x=12;

int p;

p=&x;

在图9-2中,设有整型变量x,其内容为12,x占用了2001号单元(地址用十六进数表示)。设有指针变量p,在程序中用"→"符号表示"指向",用"&"符号表示"取得的地址",p=&x即为取变量x的地址给了p,则p的内容为2001,这种情况我们称为p指向变量x,或说p是指向变量x的指针。一定要注意的是指针变量和它所指向的目标变量一定要具有相同的数据类型,比如上面的x是整型变量,而指针变量p的数据类型也是指向整型的,否则编译时会出现类型不匹配的错误。

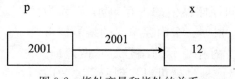

图9-2　指针变量和指针的关系

一个指针是一个地址,是一个常量。而一个指针变量却可以被赋予不同的指针值,是变量。但常把指针变量简称为指针。为了避免混淆,我们约定"指针"是指地址,是常量;"指针变量"是指取值为地址的变量。定义指针的目的是通过指针去访问内存单元并对其数据进行处理。

既然指针变量的值是一个地址,那么这个地址不仅可以是变量的地址,也可以是其他数据结构的地址。在一个指针变量中存放一个数组或一个函数的首地址是非常重要的,因为数组或函数都是连续存放的。通过访问指针变量取得了数组或函数的首地址,也就找到了该数组或函数。因此,凡是出现数组和函数的地方都可以用一个指针变量来表示,只要该指针变量中赋予数组或函数的首地址即可。这样做,将会使程序的概念十分清楚,程序本身也精练、高效。

在C语言中,一种数据类型或数据结构往往都占有一组连续的内存单元。用"地址"

这个概念并不能很好地描述一种数据类型或数据结构,而"指针"虽然实际上也是一个地址,但它却是一个数据结构的首地址,它是"指向"一个数据结构的,因而概念更为清楚,表示更为明确。这也是引入"指针"概念的一个重要原因。

9.2.1　指针变量的定义

指针变量定义的一般格式如下:
　　　类型说明符 * 指针变量名;
格式说明:

① 指针类型说明,即变量名前面的" * "是一个说明符,用来说明该变量是指针变量,这个" * "是不能省略的,说明它定义的变量为一个指针变量。

② 指针变量名。指针变量名的命名规则和普通变量的命名规则相同。

③ 变量的数据类型。类型说明符表示指针变量所指向的变量的类型,而且只能指向这种类型的变量。因为它决定了指针的访问范围。也就是说定义成此数据类型的指针变量,将来只能用来指向同种数据类型的其他变量或数组。

例如:

int * q1;

表示 q1 是一个指针类型的变量,q1 指向一个整型变量,它的值存放的是某个整型变量的地址。

再如:

float * q2;　　　　/ * q2 是指向浮点型变量的指针变量 * /

int * q3;　　　　　/ * q3 是指向整型变量的指针变量 * /

char * q4;　　　　 / * q4 是指向字符型变量的指针变量 * /

应该注意的是,一个指针变量只能指向同类型的变量,如 q2 只能指向浮点型变量,不能时而指向一个浮点型变量,时而又指向一个字符型变量。

指针变量和普通变量的显著差别在于:指针变量存放的是它所指向的某个变量的地址值,而普通变量存放的是该变量本身的具体数值。不同类型的指针指向不同类型的变量,所指向变量占用的内存空间也不同,如上面的 q2 指向的浮点型变量占 4 个字节,q4 指向的字符变量占 1 个字节。

9.2.2　指针变量的赋值及其初始化

指针变量同普通变量一样必须先定义,后使用。因此,使用之前不仅要定义说明,而且必须赋予具体的值。未经赋值的指针变量是个不确定的值,不能拿来使用,否则将造成系统混乱,甚至死机。只有将某一具体变量的地址赋给指针变量之后,指针变量才能指向确定的存储单元(变量)。

指针变量的赋值只能赋予地址,决不能赋予任何其他数据,否则将引起错误。在 C 语言中,变量的地址是由编译系统对其分配的,对用户完全透明,用户并不知道变量的具体地址。

在定义指针的同时给指针一个初始值,称为指针变量的初始化。

指针变量初始化的格式是:

　　　数据类型　＊指针名＝初始地址值;

1. 指针变量的初始化

设有指向整型变量的指针变量 q,如要把整型变量 b 的地址赋予 q 可以有以下两种方式:

(1) 指针变量初始化的方法。

　　　int b;

　　　int ＊q＝&b;

(2) 赋值语句的方法。

　　　int b;

　　　int ＊q;

　　　q＝&b;

下面的赋值都是错误的:

(1) int ＊q;

　　　q＝1000;

错误原因是不允许把一个数赋予指针变量。

(2) int b;

　　　int ＊q;

　　　＊q＝&b;

错误原因是被赋值的指针变量前不能再加"＊"说明符。

(3) char c;

　　　int ＊q＝&c;

错误原因是 c 是字符型变量,而 q 是整型指针,指向的应该是整型数据,而不应该是字符型数据,类型不匹配。

(4) int ＊q＝"100";

错误原因同样是定义的数据类型不一致,"100"是字符串,而＊q 是整型指针。

2. 指针变量的赋值

指针变量的赋值有以下几种形式。

(1) 把一个空值赋值给指针变量。可以给指针变量赋空值,说明该指针不指向任何变量。

空指针用 NULL 表示,可以定义一个指针 q,并把它赋空值。

例如:

　　　int ＊q;

　　　q＝NULL;

如果是对全局指针变量和局部静态指针变量而言,在定义时未被初始化,则编译系统会自动初始化为空指针。

(2) 把一个变量的地址赋值给指向相同数据类型的指针变量。

例如:

　　　int b,＊ptr;

　　　ptr＝&b;　　　／＊把整型变量 b 的地址赋予整型指针变量 ptr＊／

　　(3) 把数组的首地址赋值给指向数组的指针变量。

　　例如：

　　　int b[8],＊ptr;

　　　ptr＝b;　　　　　／＊数组名表示数组的首地址,故可赋予指向数组的指针变量

　　　　　　　　　　　　ptr＊／

　　也可写为：

　　　ptr＝&b[0];　　　　　／＊数组第一个元素的地址也是整个数组的首地址,也可

　　　　　　　　　　　　赋予 ptr＊／

　　当然也可采取初始化赋值的方法：

　　　int b[5],＊ptr＝b;

　　(4) 把字符串的首地址赋予指向字符类型的指针变量。

　　例如：

　　　char ＊ ptr;

　　　ptr＝"Hello! world!";

　　或用初始化赋值的方法写为：

　　　char ＊ ptr＝"Hello! world!";

　　这里需要说明的是并不是把整个字符串放入指针变量,而是把存放该字符串的字符数组的首地址放入指针变量。

　　(5) 把一个指针变量的值赋值给指向相同类型变量的另一个指针变量。

　　例如：

　　　int 　x;

　　　int 　＊ ptr＝&x;

　　　int 　＊ q＝ptr;

　　定义了一个整型变量 x 和一个整型指针 ptr,并把整型变量 x 的地址赋值给指针 ptr,又定义了一个整型指针 q,并将 ptr 指针的值赋给 q。

　　把函数的入口地址赋值给指向函数的指针变量。

　　例如：

　　　int (＊ptr)();

　　　ptr＝f;　　　／＊f 为函数名＊／

9.2.3　直接访问和间接访问

　　在 C 语言中,对内存空间的访问有两种访问方式:直接访问和间接访问。

1. 直接访问

　　按照 C 语言的方式,如果定义一个变量,系统会给这个变量分配一块内存,变量有两个属性:变量值和变量地址。变量的地址体现了该变量在内存中的存储位置,变量的值是这块内存单元中的内容。要访问这块内存空间上的内容,可以采用直接访问的方式去

直接使用变量名。

【例 9.1】直接访问的方式输出变量 i 的值。

程序代码：

```
#include <stdio.h>
int main()
{
int i=100;
printf("%d",i);
}
```

运行结果：

100

程序说明：

① 第 4 行，系统为变量 i 分配一个存储空间，并且将变量名 i 与它的内存地址对应起来。

② 第 5 行，系统根据变量名 i 和其地址的对应关系找到变量名对应的内存地址，然后再根据地址值，从地址对应的内存空间中取出它的内容。

2. 间接访问

间接访问的含义是先从其他内存空间获得要访问的内存地址，根据得到的地址访问目的地址。

【例 9.2】分别输出变量 i 的值、i 的地址和指针 pointer 的值和它所指向内存单元的值。

程序代码：

```
#include <stdio.h>
int main()
{
    int i = 0;
    int * pointer = NULL;
    i = 10;
    printf("变量i的地址是：%p", &i);
    printf("\n变量i的值是：%d", i);
    pointer = &i;
    printf("\n指针pointer的值是：%p", pointer);
    printf("\n指针pointer所指向内存单元的值是：%d\n", * pointer);
}
```

运行结果：

变量 i 的地址是：0012FF44

变量 i 的值是：10

指针 pointer 的值是：0012FF44

指针 pointer 所指向内存单元的值是：10

程序说明：

① 程序的第 4,5 行声明一个 int 变量和一个整型指针。

int i = 0;

int ∗ pointer = NULL；

指针 pointer 是 int 类型指针，声明指针在变量名称前添加一个星号（∗），这个星号将 pointer 定义成一个指针。变量 pointer 的初值是 NULL，表示空指针，也可以说它没有指向任何对象。

② 变量 i 赋值 10，第 7,8 行输出它的地址和值。

输出变量 i 的地址，使用输出格式符%p，表示是以 16 进制格式输出的内存地址。

③ 第 9 行是取地址运算符 &，它的作用是获取 i 的地址，并将该地址存储到指针 pointer 中。

提示：pointer 指针中只能存储地址。

④ 第 10 行，输出存储在指针 pointer 中的值，这个值实际上是 i 的地址，这个运算是第 7 行完成的。输出格式也采用 16 进制输出符%p。

⑤ 第 11 行，使用指针 pointer 访问存储在变量 i 中的值（内容），∗ 运算符的作用是访问存储在 pointer 中的地址的数据。变量 pointer 存储 i 的地址，所以也可以使用这个地址访问存储在 i 中的数值，%d 表示输出的是一个整数。∗ 运算符也称为间接运算符。

地址的数据在不同的计算机上会有所不同，不要理解为错误，这是内存和硬件信息造成的。

i 的地址是变量在这台计算机上存放的地方，或者可以理解为在内存中的位置。i 变量的值是整数 10，pointer 变量的值是 i 的地址，使用 ∗ pointer 可以访问 i 的值，也就是间接访问 i 的值。间接访问符 ∗ 与乘法运算符相同，编译器会根据它们出现的位置判断它是间接访问符还是乘法运算符。

直接访问和间接访问就好比在生活中，你有两种方法去打开一个锁着的抽屉，一种方法是直接将抽屉的钥匙带在身上，随时用随时打开它就可以了，这就是"直接访问方式"。学习了指针后，可以采用另一种方法。为了安全起见，我们将抽屉的钥匙锁到另一个抽屉中，要想打开它，必须先打开另一个抽屉取出需要的钥匙，再把这个抽屉打开，这种方式就称为"间接访问方式"。

9.2.4　取地址运算符和指针运算符

指针变量有两个运算符：取地址运算符和指针运算符。

1. 取地址运算符 &

在 C 语言中提供了取地址运算符来表示变量的地址。

一般形式为：

& 变量名；

如 &i 表示取变量 i 的地址。

取地址运算符 & 是单目运算符，其结合性为自右至左，其功能是取变量的地址。在 scanf 函数及前面介绍指针变量赋值中，我们已经了解并使用了 & 运算符。

2. 指针运算符 ∗

指针运算符 ∗ 是单目运算符,其结合性为自右至左,用来表示指针变量所指的变量。在 ∗ 运算符之后跟的变量必须是指针变量。

需要注意的是指针运算符 ∗ 和指针变量说明中的指针说明符 ∗ 不是一回事。在指针变量说明中,"∗"是类型说明符,表示其后的变量是指针类型。而表达式中出现的"∗"则是一个运算符用以表示指针变量所指的变量。

【例 9.3】地址运算符和指针运算符的应用例子。

程序代码:

```c
#include <stdio.h>
int main()
{
    int i=5,x=20, * ptr;
    ptr=&i;
    printf ("%d\n", * ptr);
    * ptr=x;
    printf ("%d\n", * ptr);
}
```

运行结果:

5

20

程序说明:

① 我们定义了两个整型变量 i,x,还定义了一个指向整型数的指针变量 ptr。i,x 中可存放整数,而 ptr 中只能存放整型变量的地址。我们可以把 i 的地址赋给 ptr:

ptr=&i;

表示指针变量 ptr 取得了整型变量 i 的地址。此时指针变量 ptr 指向整型变量 i,假设变量 i 的地址为 2000,这个赋值可形象理解为图 9-3(a)所示的联系。

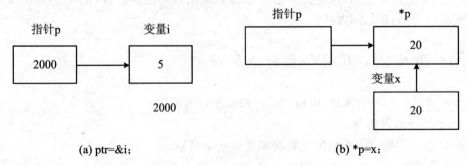

(a) ptr=&i;　　　　　　　　　　(b) *p=x;

图 9-3　地址运算符和指针运算符

② "∗ ptr=x;"是把变量 x 的值赋给目标变量 ∗ ptr。x 和 ∗ ptr 可能占用两个不同的存储区域,相当于把一个数据复制到另一个内存空间中。如图 9-3(b)所示。

③ 第一个"printf("%d\n", ∗ ptr);"语句表示输出变量 i 的值,而第二个"printf("%

d\n",＊ptr);"语句表示输出变量 x 的值。

　　在编写程序时,一定要区分以下三种表示方法的含义。

　　设有指针变量 q。

　　q　　　　指针变量,它的内容是地址值;

　　＊q　　　指针的目标变量,它的内容是目标变量的值;

　　&q　　　指针变量的地址,即"地址的地址"。

　　指针变量可出现在表达式中,设

　　int i,j,＊ptr＝&i;

　　指针变量 ptr 指向整数 i,则＊ptr 可出现在 i 能出现的任何地方。

　　例如:

　　j＝＊ptr＋5;　　　/＊表示把 i 的内容加 5 并赋给 j ＊/

　　j＝＋＋＊ptr;　　　/＊ ptr 的内容加上 1 之后赋给 j,＋＋＊ptr 相当于＋＋(＊

　　　　　　　　　　　　ptr) ＊/

　　j＝＊ptr＋＋;　　　/＊相当于 j＝＊ptr; ptr＋＋ ＊/

　　例如:

　　int　i,＊ptr＝&i;

　　&(＊ptr)＝&i＝ptr;

　　＊(&i)＝＊p＝i;

　　可见:"＊"运算符和"&"运算符互为逆运算。

　　【例 9.4】分别用两种方式输出变量 m 和 n 的值。

　　程序代码:

```
＃include <stdio. h>
int main()
{
    int m,n;
    int ＊ptr_1,＊ptr_2;
    m＝80;
    n＝20;
    ptr_1＝&m;
    ptr_2＝&n;
    printf("%d,%d\n",m,n);
    printf("%d,%d\n",＊ptr_1,＊ptr_2);
}
```

　　运行结果:

　　80,20

　　80,20

　　程序说明:

　　① 在开头处定义了两个指针变量 ptr_1 和 ptr_2,规定它们可以指向整型变量。又定义了两个变量 m 和 n,分别取 m 的地址给指针变量 ptr_1,取 n 的地址给指针变量

ptr_2。

　　② 最后一行的 ＊ptr_1 和 ＊ptr_2 就是变量 m 和 n。最后两个 printf 函数作用是相同的。

　　③ 程序中的"ptr_1＝&m"和 "ptr_2＝&n"不能写成" ＊ptr_1＝&m"和 " ＊ptr_2＝&n"。因为 ＊ptr_1 和 ＊ptr_2 是两个指针所指向的目标变量的内容,而不是地址,所以不能那么赋值。

　　思考题:程序中有两处出现 ＊ptr_1 和 ＊ptr_2,请区分它们的不同含义。

9.2.5　指针变量作为函数的参数

　　在 C 语言中,函数的参数不仅可以是整型、实型、字符型等基本的数据类型,还可以是指针类型。用指针变量作函数参数,可以实现函数之间多个数据的传递,其作用是将一个变量的地址传送到另一个函数中。此时形参从实参获得了变量的地址,即形参和实参指向同一个变量,当形参指向的变量发生变化时,实参指向的变量也随之变化。

　　当形参为指针变量时,其对应的实参可以是指针变量或存储单元的地址。

　　(1) 用指针变量作为函数的形参,变量地址作为实参。

　　【例 9.5】编写一个交换两个变量的函数,在主程序中调用,用变量地址作为实参,指针变量作为形参,实现两个变量的交换。

　　程序代码:

```
#include <stdio. h>
swap(int * q1,int * q2)        / * 交换指针 q1 和 q2 所指向的变量的值 * /
    {int t;
    t= * q1;
     * q1= * q2;
     * q2=t;
}
int main()
{
    int m,n;
    printf("请输入 m 和 n 的值:");
    scanf("%d,%d",&m,&n);
    swap(&m,&n);      / * 实参为地址 * /
    printf("输出 m 和 n 的值:");
    printf("\n%d,%d\n",m,n);
  }
```

　　运行结果:

　　请输入 m 和 n 的值:3,5

　　输出 m 和 n 的值:5,3

　　程序说明:

① 程序执行时,先输入 m 和 n 的两个值 3,5 到两个变量 m 和 n 中。

② 在调用 swap(&m,&n)时,将 m 和 n 的内存地址分别传递给形参指针 q1 和 q2。参数传递后,形参 q1 的值是 &m,q2 的值是 &n,即 q1 和 q2 分别指向实参变量 m 和 n。

③ 在执行函数体后,完成 ∗q1 和 ∗q2 的互换,使得实参 m 和 n 也完成互换。

(2) 用指针变量作为函数的形参,同样用指针变量作为实参。

【例 9.6】将例 9.5 中函数调用改为用指针作为实参。

程序代码:

```c
#include <stdio.h>
swap(int * q1,int * q2)       /* 交换指针 q1 和 q2 所指向的变量的值 */
{
    int t;
    t= * q1;
     * q1= * q2;
     * q2=t;
}
int main()
{
    int m,n;
    int * ptr_1, * ptr_2;
    printf("请输入 m 和 n 的值:");
    scanf("%d,%d",&m,&n);
    ptr_1=&m;
    ptr_2=&n;
    swap(ptr_1, ptr_2);           /* 实参为指针 */
    printf("输出 m 和 n 的值:");
    printf("%d,%d\n",m,n);
}
```

运行结果:

请输入 m 和 n 的值:3,5

输出 m 和 n 的值:5,3

程序说明:

① swap 是用户定义的函数,它的作用是交换两个变量 m 和 n 的值。swap 函数的形参 q1、q2 是指针变量。程序运行时,先执行 main 函数,输入 m 和 n 的值。然后将 m 和 n 的地址分别赋给指针变量 ptr_1 和 ptr_2,使 ptr_1 指向 m,ptr_2 指向 n。如图 9-4(a)所示。

② 调用函数 swap(ptr_1, ptr_2),生成两个形式参数 q1 和 q2。实参 ptr_1 和 ptr_2 传递给形参 q1 和 q2,因此 q1 指向 m,q2 指向 n。如图 9-4(b)所示。

③ 接着执行 swap 函数的函数体,使 ∗q1 和 ∗q2 的值互换,也就是 m 和 n 的值互换。如图 9-4(c)所示。

④ 最后函数 swap( )调用结束后,形参 q1 和 q2 不复存在(已释放)如图 9-4(d)所示。main( )中得到 m 和 n 已经互换后的值。

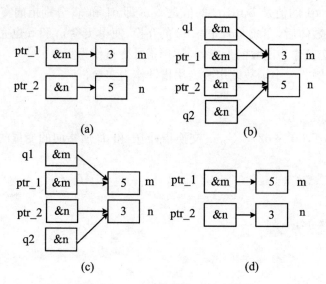

图 9-4　swap 函数交换过程示意图

请注意交换 ∗ p1 和 ∗ p2 的值是如何实现的。

请考虑下面的函数能否实现 m 和 n 互换。

```
swap(int q1,int q2)
    {int t;
    t=q1;
    q1=q2;
    q2=t;
}
```

如果在 main 函数中用"swap(a,b);"调用 swap 函数,会有什么结果呢?请看图 9-5。

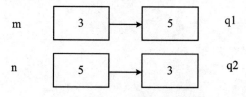

图 9-5　普通变量值传递示意图

该函数完成交换形参的值,而不能实现实参的值的传递,也就是说完成的是单一的"值传递"即实参传递给形参,反过来,形参不能传递给实参。

【例 9.7】请注意,不能企图通过改变指针形参的值而使指针实参的值改变。

程序代码:

```
#include <stdio. h>
swap(int ∗ q1,int ∗ q2)
```

```
{
    int * t;
    t=q1;
    q1=q2;
    q2=t;
}
int main()
{
    int m,n;
    int * ptr_1, * ptr_2;
    printf("请输入 m 和 n 的值:");
    scanf("%d,%d",&m,&n);
    ptr_1=&m;
    ptr_2=&n;
    swap(ptr_1, ptr_2);          /* 实参为指针 */
    printf("输出 m 和 n 的值:");
    printf("%d,%d\n",m,n);
}
```

运行结果:

请输入 m 和 n 的值:3,5

输出 m 和 n 的值:3,5

程序说明:

① swap 是用户定义的函数,它的作用是交换两个变量 m 和 n 的值。swap 函数的形参 q1、q2 是指针变量。程序运行时,先执行 main 函数,输入 m 和 n 的值。然后将 m 和 n 的地址分别赋给指针变量 ptr_1 和 ptr_2,使 ptr_1 指向 m,ptr_2 指向 n。如图 9-6(a) 所示。

② 调用函数 swap(ptr_1, ptr_2),生成两个形式参数 q1 和 q2。实参 ptr_1 和 ptr_2 传递给形参 q1 和 q2,因此 q1 指向 m,q2 指向 n。如图 9-6(b) 所示。

③ 接着执行 swap 函数的函数体,定义一个中间变量指针 t,使 q1 和 q2 两个指针互换,也就是 q1 指向 n,q2 指向 m。如图 9-6(c) 所示。

④ 最后函数 swap() 调用结束后,形参 q1 和 q2 不复存在(已释放)如图 9-6(d) 所示。而 main() 中实参 ptr_1 仍指向 m,ptr_2 仍指向 n,并且 m 和 n 的值没变,所以不能完成互换。

【例 9.8】输入 data1,data2,data3 这三个整数,按从小到大的顺序输出。

程序代码:

```
#include <stdio.h>
swap(int * ptr1,int * ptr2)
{
    int t;
```

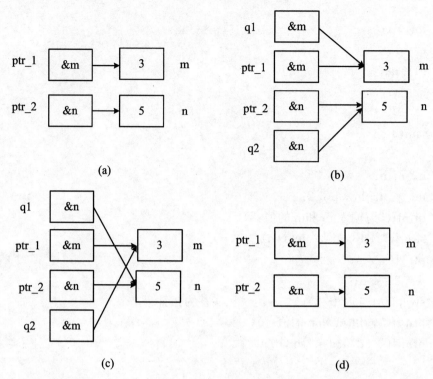

图 9-6　形参变量值改变而实参变量值没变的传递示意图

```
    t= * ptr1;
    * ptr1= * ptr2;
    * ptr2=t;
}
exchange(int * q1,int * q2,int * q3)
{
    if( * q1> * q2)swap(q1,q2);
    if( * q1> * q3)swap(q1,q3);
    if( * q2> * q3)swap(q2,q3);
}
int main()
{
    int data1,data2,data3, * p1, * p2, * p3;
    printf("请输入数据:");
    scanf("%d,%d,%d",&data1,&data2,&data3);
    p1=&data1;
    p2=&data2;
    p3=&data3;
    exchange(p1,p2,p3);
```

```
    printf("输出结果为:");
    printf("%d,%d,%d \n",data1,data2,data3);
}
```

运行结果:

请输入数据:20,12,15

输出结果为:12,15,20

9.3　指针与数组

在 C 语言中,数组和指针在访问内存时采用统一的地址计算方法。一个数组在内存中占有一块地址连续的内存区域,这个内存区域一定存在着一个"首地址"。这个"首地址"就是这个数组在内存中的起始位置。通过学习数组的有关内容我们知道,数组的第一个元素的地址就是数组的首地址。既然表示的是一个地址,那么我们就可以使用一个指针来存放这个地址,下面就阐述指针与数组的关系。

9.3.1　指向数组元素的指针变量

一个数组是由连续的一块内存单元组成的。数组名就是这块连续内存单元的首地址。一个数组也是由各个数组元素(下标变量)组成的。每个数组元素按其类型不同占有几个连续的内存单元。一个数组元素的首地址也是它所占有的几个内存单元的首地址。

定义一个指向数组元素的指针变量的方法,与以前介绍的指针变量相同。

数组指针变量定义的一般格式如下:

类型说明符 * 指针变量名;

格式说明:

① 类型说明符表示所指向数组的类型。

② 从定义的一般格式可以看出,指向数组的指针变量和指向普通变量的指针变量的说明是相同的。

例如:

int array[8];　　　　/ * 定义 array 为包含 8 个整型数的数组 * /

int * ptr;　　　　　/ * 定义 ptr 为指向整型变量的指针 * /

应当注意,因为数组为 int 型,所以指针变量也应为指向 int 型的指针变量。

我们在数组一章中学过,数组名字就代表数组在内存单元中的起始地址,同样数组第一个元素的地址也是数组的起始地址。

下面是对指针变量的赋值,两个语句是等价的:

ptr=&array[0];

ptr=array;

把 array[0]元素的地址赋给指针变量 ptr。也就是说,ptr 指向 array 数组的第 0 号元素(图 9-7)。

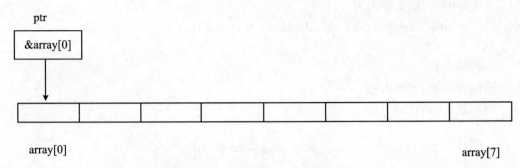

图 9-7　指向数组的指针示意图

需要注意的是：指针和数组名虽然都是地址量，但我们可以对指针赋值，而不能对数组名字赋值。这是因为在定义一个数组时，该数组被分配了一段地址连续的存储单元，这块存储单元在程序运行期间是不能改变的，也就是说数组的名字是个地址常量，所以不能对它进行赋值，而指针是个地址变量，在程序运行期间，其值是可以变化的，所以可以对它进行赋值。

9.3.2　指向数组元素的指针变量的初始化

同指针变量的初始化一样，在定义指针变量的同时可以对它赋初值，只不过它的值是数组元素的地址：

int ∗ ptr＝&array[0];

它等效于：

int ∗ ptr;

ptr＝&array[0];

当然定义时也可以写成：

int ∗ ptr＝array;

由图 9-7 我们可以看出有以下关系：

ptr，array，&array[0]均指向同一单元，它们是数组 array 的首地址，也是第 0 号元素 array[0]的首地址。应该说明的是，ptr 是变量，而 array、&array[0]都是常量，在编程时应予以注意。

9.3.3　通过指针引用数组元素

1. 通过指针引用一维数组元素

C 语言规定，如果指针变量 ptr 已指向数组中的一个元素，则 ptr＋1 指向同一数组中的下一个元素。

引入指针变量后，就可以用下标法、地址法、指针法这三种方法来访问数组元素了。
例如：

int　array[4];

int　＊ptr；

ptr＝&array[0]；

引用这个数组元素可以用：

（1）下标法。访问数组中某个元素 i，采用 array[i]形式访问数组元素。在前面介绍数组时都是采用这种方法。

（2）地址法。访问数组中某个元素 i，采用 ＊(array＋i)形式，用间接访问的方法来访问数组元素。

（3）指针法。访问数组中某个元素 i，采用 ＊(ptr＋i)形式，用间接访问的方法来访问数组元素。

分析说明：

① ptr＋i 和 array＋i 就是 array[i]的地址，或者说它们指向 array 数组的第 i 个元素。

② ＊(ptr＋i)或 ＊(array＋i)就是 ptr＋i 或 array＋i 所指向的数组元素，即 array[i]。

例如，＊(ptr＋3)或 ＊(array＋3)就是 array[3]。

③ 指向数组的指针变量也可以带下标，如 ptr[i]与 ＊(ptr＋i)等价。

这里要注意的是：ptr＋1 指向 ptr 指向的同一数组的下一个元素，而它所代表的地址实际上是 ptr＋1＊d，d 是一个数组元素在内存空间所占的字节数。如：设数组 array 的首地址为 2000，则 ptr＋3 的地址＝2000＋3＊4＝2012，然后从 2012 的地址中就可以找出 array[3]的元素值了。

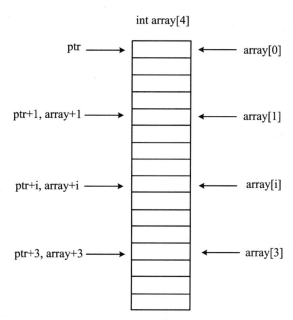

图 9-8　指针引用一维数组元素示意图

【例 9.9】分别用下标法、地址法和指针变量法输出一维数组中的全部元素。

程序代码：

```c
#include <stdio.h>
int main()
{
    int array[4],i,* ptr;
    printf("请输入数组元素:\n");
    for(i=0;i<4;i++)
    scanf("%d",&array[i]);
    ptr=array;
    printf("用下标法输出元素值:\n");
    for(i=0;i<4;i++)
        printf("array[%d]=%d\n",i,array[i]);        /* 通过下标法输出元素值 */
    printf("用地址法输出元素值:\n");
    for(i=0;i<4;i++)
        printf("array[%d]=%d\n",i,*(array+i));    /* 通过地址法输出元素值 */
    printf("用指针法输出元素值:\n");
    for(i=0;i<4;i++)
        printf("array[%d]=%d\n",i,*(ptr+i));        /* 通过指针法输出元素值 */
}
```

运行结果:

请输入数组元素:

1　2　3　4

用下标法输出元素值:

array[0]=1

array[1]=2

array[2]=3

array[3]=4

用地址法输出元素值:

array[0]=1

array[1]=2

array[2]=3

array[3]=4

用指针法输出元素值:

array[0]=1

array[1]=2

array[2]=3

array[3]=4

程序说明:

上面的三种方法中下标法更直观,而指针法访问一维数组元素的速度是最快的,效率也是最高的。

【例 9.10】用指针法访问一维数组。

程序代码：

```
#include <stdio.h>
int main()
{
    int array[4],i, * ptr=array;
    for(i=0;i<4;i++)
    {
     * ptr=i;
    printf("array[%d]=%d\n",i++, * ptr++);
    }
}
```

运行结果：

array[0]=0

array[1]=1

array[2]=2

array[3]=3

程序说明：

① 指针变量可以实现本身值的改变,而数组名不可以。如 ptr++是合法的,而 array++是错误的。因为 array 是数组名,它是数组的首地址,是常量。

② 要注意指针变量的当前值。请看下例的程序。

【例 9.11】请找出如下程序中的错误之处。

程序代码：

```
#include <stdio.h>
int main()
{
    int  * ptr,i,array[8];
    ptr=array;
    for(i=0;i<8;i++)
     * ptr++=i;
    for(i=0;i<8;i++)
    printf("array[%d]=%d\n",i, * ptr++);
}
```

运行结果：

array[0]=0

array[1]=1244996

array[2]=1245064

array[3]=4199417

array[4]=1

array[5]=1839000

array[6]=1839112

array[7]=0

程序说明：

从例 9.11 可以看出，虽然定义数组时指定它包含 8 个元素，用的是指针法，通过第一个 for 循环给数组赋值时，ptr 已经指向了数组 array 的末尾，这时在执行第二个 for 循环时，ptr 的起始值已经不是这个 array 数组的首地址了，而是 array+7。因此在执行 for 循环时每次执行 ptr++，指的是数组 array[8] 中的下面 8 个元素，把它输出出来。

① ＊ptr++，由于++和＊同优先级，结合方向自右而左，等价于＊(ptr++)。功能是先得到 ptr 所指向的变量的值＊ptr，然后执行 ptr=ptr+1。

② ＊(ptr++)与＊(++ptr)作用不同。＊(ptr++)是先取＊ptr 的值，然后再执行 ptr+1。＊(++ptr)是先让 ptr+1，然后再取＊ptr。若 ptr 的初值为 array，则＊(ptr++)等价 array[0]，＊(++ptr)等价 array[1]。

③ (＊ptr)++表示 ptr 所指向的元素值加 1，而不是指针加 1，即 array[0]+1。

④ 如果 ptr 当前指向 array 数组中的第 i 个元素，则

＊(ptr++)相当于 array[i++]；

＊(ptr－－)相当于 array[i－－]；

＊(++ptr)相当于 array[++i]；

＊(－－ptr)相当于 array[－－i]。

2. 通过指针引用二维数组元素（表 9-1）

表 9-1　二维数组 array[i][j] 的指针表现形式

说明	形式
二维数组名称，数组的首地址	array
第 i+1 行的首地址	array+1，&array[i]
第 i+1 行，第 1 列元素的首地址	array[i]，＊(array+i)
第 i+1 行，第 j+1 列元素的首地址	array[i]+j，＊(array+i)+j，&array[i][j]
第 i+1 行，第 1 列元素的值	＊＊(array+i)，＊array[i]
第 i+1 行，第 j+1 列元素的值	＊(array[i]+j)，＊(＊(array+i)+j)，array[i][j]

访问一维数组中元素的三种方法同样适合访问二维数组元素。

【例 9.12】分别用下标法、地址法和指针变量法输出二维数组中的全部元素。

程序代码：

```
#include <stdio.h>
int main()
{
    int array[2][2],i,j,(*ptr)[2];
    printf("请输入二维数组元素的值:\n");
    for(i=0;i<2;i++)
```

```
        for(j=0;j<2;j++)
            scanf("%d",&array[i][j]);
    printf("用下标法输出元素值:\n");
    for(i=0;i<2;i++)
            for(j=0;j<2;j++)
                printf("array[%d][%d]=%d\n",i,j,array[i][j]);
            /*通过下标法输出元素值*/
            printf("用地址法输出元素值:\n");
    for(i=0;i<2;i++)
    for(j=0;j<2;j++)
    printf("array[%d][%d]=%d\n",i,j,*(*(array+i)+j));
        /*通过地址法输出元素值*/
    printf("用指针法输出元素值:\n");
    for(i=0;i<2;i++)
    {
    ptr=array+i;
    for(j=0;j<2;j++)
    printf("array[%d][%d]=%d\n",i,j,*(*ptr+j));
        /*通过指针法输出元素值*/
    }
}
```

运行结果:

请输入二维数组元素的值:

1　2　3　4

用下标法输出元素值:

array[0][0]=1

array[0][1]=2

array[1][0]=3

array[1][1]=4

用地址法输出元素值:

array[0][0]=1

array[0][1]=2

array[1][0]=3

array[1][1]=4

用指针法输出元素值:

array[0][0]=1

array[0][1]=2

array[1][0]=3

array[1][1]=4

9.3.4 指向数组的指针作为函数参数

虽然数组名与指向数组首地址的指针变量都可以作函数参数,但是由于指向数组元素的指针变量不仅可以指向数组首地址,也可以指向数组中任何一个元素,所以指向数组元素的指针变量作函数参数的作用范围远远大于数组名作函数参数。

【例 9.13】找出 8 个整数中的最大值和最小值。

程序代码:

法一:用数组名作为实参

```c
#include <stdio.h>
int max,min;                    /* 全局变量 */
int max_min(int array[],int m)           /* 求最大、最小值 */
{
    int * ptr, * a_end;          /* ptr 是数组元素的指针 */
    a_end=array+m;               /* a_end 指针指向数组的结尾 */
    max=min= * array;            /* max 和 min 赋初值为 array[0] */
    for(ptr=array+1;ptr<a_end;ptr++)
        if( * ptr>max) max= * ptr;
        else if ( * ptr<min) min= * ptr;
}
int main()
{
    int i,number[8];
    printf("请输入 8 个整数:\n");
    for(i=0;i<8;i++)
        scanf("%d",&number[i]);
    max_min (number,8);
    printf("max=%d,min=%d\n",max,min);
}
```

运行结果:

请输入 8 个整数:

12　15　5　3　88　99　54　32

max=99,min=3

程序说明:

① 函数 max_min 中求出的最大值和最小值分别放在 max 和 min 中。由于它们是全局变量,因此在主函数中可以直接使用。

② max=min= * array;

array 是数组名,它接收从实参传来的数组 number 的首地址。

 * array 相当于 * (&array[0])。上述语句与"max=min=array[0];"等价。

③ 在执行 for 循环时,ptr 的初值为 array+1,也就是使 ptr 指向 array[1],以后每次执行 ptr++,使 ptr 指向下一个元素。每次将 * ptr 和 max 与 min 比较,将大者放入 max,小者放 min。

法二:用指针变量作为实参

程序代码可改为:

```c
#include <stdio.h>
int max,min;                 /* 全局变量 */
int max_min(int * array,int m)
{
    int * ptr,* a_end;
    a_end = array+m;
    max=min= * array;
    for(ptr=array+1;ptr<a_end;ptr++)
        if( * ptr>max) max= * ptr;
        else if ( * ptr<min) min= * ptr;
}
int main()
{
    int i,number[8],* p;
    p=number;                /* 使 p 指向 number 数组 */
    printf("请输入 8 个整数:\n");
    for(i=0;i<8;i++,p++)
        scanf("%d",p);
    p=number;
    max_min(p,8);
    printf("\nmax=%d,min=%d\n",max,min);
}
```

运行结果:

请输入 8 个整数:

12　15　5　3　88　99　54　32

max=99,min=3

程序说明:

归纳起来,如果有一个实参数组,想在函数中改变此数组的元素的值,实参与形参的对应关系为:

① 实参是数组名,形参是数组名。

② 实参是数组名,形参是指针。

③ 实参是指针,形参是数组名。

④ 实参是指针,形参是指针。

9.4　指针与字符串

1. 字符指针

在 C 语言中,指向字符串的指针称为字符指针。

一般格式如下:

　　char ＊指针名；

字符串是通过一维字符数组来存储的。因此,输出一行字符串有两种方式:

(1) 定义字符数组,输出字符串。

【例 9.14】用字符数组输出"How are you?"。

程序代码:

```
#include <stdio. h>
int main()
{
    char str[]="How are you?";
    printf("%s\n",str);
}
```

运行结果:

How are you?

(2) 使用字符指针来实现字符串的操作。

【例 9.15】用字符指针输出"How are you?"。

程序代码:

```
#include <stdio. h>
int main()
{
    char ＊str="How are you?";
    printf("%s\n",str);
}
```

运行结果:

How are you?

程序说明:

首先定义 str 是一个字符指针变量,然后把字符串的首地址赋予 str。

2. 字符串指针作为函数参数

【例 9.16】要求把一个字符串的内容复制到另一个字符串中,并且不能使用字符串处理函数 strcpy 函数。

程序代码:

```
#include <stdio. h>
copy(char ＊p1,char ＊p2)    /＊两个字符指针 p2 指向源字符串,p1 指向目标字符
串＊/
```

```
{
    while((*p1=*p2)!='\0')
        {
        p1++;
        p2++;  .
        }
}
int main()
{
    char *ptr1="Hello!",s[10],*ptr2;
    ptr2=s;
    copy(ptr2,ptr1);
    printf("string 1=%s\nstring 2=%s\n",ptr1,ptr2);
}
```

运行结果：

string 1= Hello!

string 2= Hello!

程序说明：

在本程序中，首先在主函数中，以指针变量 ptr2，ptr1 为实参，把形参 p2 指向的源字符串复制到形参 p1 所指向的目标字符串中，调用 copy(ptr2,ptr1)；其次，判断所复制的字符是否为"\0"，若是，则表明源字符串结束，不再循环。否则，p1 和 p2 都加 1，指向下一字符。由于采用的指针变量 ptr1 和 p2，ptr2 和 p1 均指向同一字符串，因此在主函数和 copy 函数中均可使用这些字符串。

也可以把 copy 函数简化为以下形式：

```
copy(char *p1,char *p2)
    {while ((*p1++=*p2++)!='\0') ;}
```

即把指针的移动和赋值合并在一个语句中，这样使程序更加简洁。

用字符数组和字符串指针变量都可实现字符串的存储和运算，但是两者是有区别的，在使用时应注意以下几个问题。

（1）字符数组是由若干个数组元素组成的，它可用来存放整个字符串。字符串指针变量本身是一个变量，用于存放字符串的首地址。而字符串本身是存放在以该首地址为首的一块连续的内存空间中的，并以"\0"作为串的结束符。

（2）对字符数组作初始化赋值，必须采用外部类型或静态类型，如：

```
static char str[]={"Hello!"};
```

而对字符串指针变量则无此限制，如：char *pstr="Hello!";

（3）对字符数组只能逐个元素进行赋值，不能用如下的方法对字符数组进行赋值。

```
char str[10];
str="Hello!";
```

像上面直接对整个数组进行赋值的方法是错误的。

下面对字符串指针赋值的方式是正确的。

　　char ＊ptr＝"Hello!";

等价于：

　　char ＊ptr;

　　ptr＝" Hello!";

(4)字符数组名字代表数组的首地址,但是其值是不能改变的。

下面的程序是错误的：

　　char　str[10]＝{"Hello!"};

　　str＝str＋7;

　　printf("％s",str);

若定义一个字符串指针变量,使它指向这个字符串,其值是可以改变的。

下面的程序就是正确的：

　　char　＊ptr＝{"Hello!"};

　　ptr＝ptr＋7;

　　printf("％s",ptr);

9.5　指　针　数　组

　　指针是一种变量,自然也可以定义一个指针数组,这个数组中每一个元素都是一个指针变量。指针数组是一组有序的指针集合,指针数组的所有元素都必须是具有相同存储类型和指向相同数据类型的指针变量。用指针数组处理若干个字符串会更加的方便灵活。

1. 指针数组定义的一般格式

指针数组定义的一般格式为：

类型说明符 ＊指针数组名[数组长度]

格式说明：

① 类型说明符声明指针值所指向的变量的类型。

例如：

int ＊ptr[3];

② 由于[]比＊的优先级高,因此 ptr 先与[3]结合,形成 ptr[3],显然是个数组的形式,有 3 个数组元素,然后再与＊结合,表示 ptr 是一个指针数组,它有三个数组元素,每个元素值都是一个指针,指向整型变量。

注意:指针数组和二维数组指针变量的区别。这两者虽然都可用来表示二维数组,但是其表示方法和意义是不同的。

二维数组指针变量是单个的变量,其一般格式中"(＊指针变量名)"两边的括号不可少。而指针数组表示的是多个指针(一组有序指针),在一般格式中"＊指针数组名"两边不能有括号。

例如：

int (＊ptr)[3];

表示一个指向二维数组的指针变量。该二维数组的列数为 3 或者分解为一维数组的长度为 3。

int ＊ptr[3]

表示 ptr 是一个指针数组，有三个下标变量 ptr[0],ptr[1],ptr[2]均为指针变量。

指针数组也常用来表示一组字符串，这时指针数组的每个元素被赋予一个字符串的首地址。指向字符串的指针数组的初始化更为简单。

初始化赋值为：

char ＊ name[]＝{

　　　 "Illagal day",

　　　 "Monday",

　　　 "Tuesday",

　　　 "Wednesday",

　　　 "Thursday",

　　　 "Friday",

　　　 "Saturday",

　　　 "Sunday"

　　　　　　};

完成这个初始化赋值之后，name[0]即指向字符串"Illegal day"，name[1]指向"Monday"……

【例 9.17】用字符指针数组处理多个字符串。

假设一个班某个小组有 3 位同学，我们用二维字符数组初始化他们的姓名，然后用字符指针数组分别输出他们的姓名。

程序代码：

```
#include <stdio. h>
int main()
{
    char name[3][15]={"张三","李四","王五"};
    char ＊ ptr[4]={name[0],name[1],name[2],NULL};
    int i;
    printf("请输出同学们的姓名:\n");
    for(i=0;ptr[i]! =NULL;i++)
    printf("第%d 名同学是:%s\n", i+1,ptr[i]);
}
```

运行结果：

请输出同学们的姓名：

第 1 名同学是:张三

第 2 名同学是:李四

第 3 名同学是:王五

程序说明：

　　程序中定义了一个指针数组,数组中有 4 个指针,前三个分别指向了字符数组,而第四个指针被指定为空指针,来作为循环结束的标志,这也是空指针的一个用途。如果指针数组运用得好,可以大大提高程序的运行效率。

2. 指针数组用作函数参数

【例 9.18】编程实现键盘输入星期对应的数字,输出其对应星期的英文表示。

程序代码:

```
#include <stdio.h>
char * day_mz(char * mz[],int m)
{
    char * p1, * p2;
    p1= * mz;
    p2= * (mz+m);
    return((m<1||m>7)? p1:p2);
}
int main()
{
    static char * mz[]={ "Illegal day",
        "Monday",
        "Tuesday",
        "Wednesday",
        "Thursday",
        "Friday",
        "Saturday",
        "Sunday"};
    char * ptrs;
    int i;
    char * day_mz(char * mz[],int m);
    printf("输入星期号:\n");
    scanf("%d",&i);
    if(i<0) exit(1);
    ptrs=day_mz(mz,i);
    printf("星期%2d 是:%s\n",i,ptrs);
}
```

运行结果:

输入星期号:

3

星期 3 是:Wednesday

程序说明:

① 在本例主函数中,定义了一个指针数组 mz,并对 mz 作了初始化赋值。其每个元

素都指向一个字符串。

② 以 mz 作为实参,调用指针型函数 day_mz,在调用时把数组名 mz 赋予形参变量 mz,输入的整数 i 作为第二个实参,赋予形参 m。

③ 在 day_mz 函数中定义了两个指针变量 p1 和 p2,p1 被赋予 mz[0]的值(即 * mz),p2 被赋予 mz[m]的值即 * (mz+ m)。由条件表达式决定返回 p1 或 p2 指针给主函数中的指针变量 ptrs,最后输出 i 和 ptrs 的值。

9.6 指向函数的指针

9.6.1 用指向函数的指针变量调用函数

在 C 语言中,指针变量不但可以指向基本数据类型,还可以指向一个函数。一个函数总是占用一段连续的内存区,函数在编译的时候被分配一个入口地址,而函数名就是该函数所占内存区的首地址。我们可以把函数的这个首地址(或称入口地址)赋予一个指针变量,使指针变量指向该函数。然后通过指针变量就可以找到并调用这个函数。我们把这种指向函数的指针变量称为"函数指针变量"。

定义的一般格式如下:

> 类型说明符 (* 指针变量名)( );

格式说明:

① "类型说明符"表示被指函数的返回值类型。

② "(* 指针变量名)"表示" * "后面的变量定义的是指针变量。

③ 空括号表示指针变量所指的是一个函数。

例如:

int (* ptr)( );

表示 ptr 是一个指向函数入口的指针变量,它是专门用来存放该函数的入口地址的。而在程序中把哪个函数的入口地址给它,它就指向哪个函数。也可以先后指向不同的函数,并且返回值(函数值)是整型。

使用函数指针变量还应注意以下三点:

① 在给函数指针变量赋值时,只需给出函数名,而不必给出参数。

② 数组指针变量能进行算术运算,但函数指针变量不能进行算术运算。数组指针变量加减一个整数可使指针移动指向后面或前面的数组元素,而函数指针的移动是毫无意义的。

③ 函数调用中"(* 指针变量名)"的两边的括号不可少,其中的 * 不应该理解为求值运算,在此处它只是一种表示符号。

【例 9.19】使用函数指针调用函数求整数 a 的平方值,并输出。

程序代码:

```
#include <stdio.h>
int square(int x);
```

```
int ( * ptr)(int x);
int main()
{
    int a ;
    int ( * ptr)(int) ;
    ptr = square;
    printf("请输入 a 的值:");
    scanf("%d",&a);
    printf("%d %d\n", square(a), ptr(a));
}
int square(int x)
{
    return x * x;
}
```

运行结果:

请输入 a 的值:3

9　9

程序说明:

① 定义了一个 square(int x)函数,完成求形参 x 的平方值,返回的是 int 型值。

② 在主函数中定义一个整型变量 a 和函数指针 ptr,并通过"ptr = square"给指针变量 ptr 赋值,"scanf("%d",&a)";语句实现从键盘中输入一个 a 值。

③ 通过调用 square(a)函数和调用指针函数 ptr(a),实现从实参 a 传递数据给形参 x,计算出结果。

9.6.2　用指向函数的指针作函数参数

以前我们介绍过函数的参数可以是变量、数组和指针三种,其中指针可以是指向变量的指针或者指向数组的指针变量。现在我们学习了函数指针,它也可以作为参数,实现函数地址的传递。

【例 9.20】编写一个函数 solution,在调用它的时候,每次实现不同的功能。输入矩形两个边长 a 和 b(定义为整数),第一次调用函数 solution 实现求矩形的周长,第二次调用函数 solution 实现求矩形的面积。

程序代码:

```
#include <stdio. h>
int perimeter(int x,int y);
int area(int x,int y);
int solution(int x,int y,int( * ptr)());
int main()
{
```

```
        int a,b;
        printf("请输入 a 和 b 的值:");
        scanf("%d%d",&a,&b);
        printf("Perimeter of a rectangle :");
        solution(a,b,perimeter);
        printf("Area of a rectangle :");
        solution(a,b,area);
    }
    int perimeter(int x,int y)
    {
        return (2*(x+y));
    }
    int area(int x,int y)
    {
        return x*y;
    }
    int solution(int x,int y,int (*ptr)())
    {
        int result;
        result=(*ptr)(x,y);
        printf("%d\n",result);
    }
```

运行结果:

请输入 a 和 b 的值:3 4

Perimeter of a rectangle :14

Area of a rectangle :12

程序说明:

① perimeter 和 area 两个函数分别实现的是求矩形的周长和面积两个功能。

② 在 main 函数中第一次调用"solution(a,b,perimeter);",实现的是三个参数的传递即把实际参数矩形的两边长 a,b 传递给形式参数 x 和 y,把求周长的函数 perimeter 传递给函数指针 ptr,使 ptr 指向函数 perimeter。

③ 通过嵌套的调用,求得函数的周长并通过地址返回,同样第二次调用"solution(a,b,area);"求得矩形的面积。

9.7 程 序 举 例

7.7.1 用指针实现排序问题

1. 程序描述

已知 10 个整数,编写程序对 10 个整数进行从小到大的排序。

2. 程序分析

（1）功能分析。根据功能描述，程序实现的功能就是任意输入 10 个整数，用指针实现对 10 个整数的升序排列。

（2）数据分析。本程序需要一个一维数组来存放这 10 个整数，定义个指针指向此一维数组，再定义一个排序的函数完成排序，通过指针为参数完成升序排序。

3. 设计思想

（1）定义一个一维数组 b 存放输入的 10 个整数。

（2）定义一个指针 p 指向此一维数组 b。

（3）定义一个 px 函数，完成 10 个数的升序排序。

（4）调用 px 函数，通过指针传递完成排序。

4. 程序实现

```c
#include <stdio. h>
sort(int * x,int n);
int main()
{
    int * p,i,a[10];
    for(i=0;i<10;i++)
    scanf("%d,",&a[i]);
    printf("The original array:\n");
    for(i=0;i<10;i++)
    printf("%d,",a[i]);
        printf("\n");
        p=a;
        sort(p,10);
        printf("The sorted array:\n");
    for(p=a,i=0;i<10;i++)
    {
            printf("%d", * p);
            p++;
    }
    printf("\n");
}
sort(int * x,int n)
{
    int i,j,k,t;
  for(i=0;i<n-1;i++)
  {
    k=i;
  for(j=i+1;j<n;j++)
```

```
        if(x[j]<x[k])k=j;
        if(k! =i)
        {t=x[i];x[i]=x[k];x[k]=t;}
        }
    }
```

5. 程序运行

8　12　5　7　3　66　54　23　35　29

The original array：

8，12，5，7，3，66，54，23，35，29，

The sorted array：

3　5　7　8　12　23　29　35　54　66

本 章 小 结

指针是 C 语言中最重要的数据类型,正确而灵活的运用指针可以高效地解决程序设计中复杂的问题。本章主要介绍指针的概念、指针变量的定义、初始化和引用方法,指针的操作符和指针的运算,指针与数组、指针与字符串的综合应用等内容。

1. ANSI 新标准增加了一种"void"指针类型,既可以定义一个指针变量,但又不指定它是指向哪一种类型数据。

2. 指针数据类型如表 9-2 所示。

表 9-2　C 语言中的指针数据类型小结

定　义	含　　义
int i;	定义整型变量 i
int * p	p 为指向整型数据的指针变量
int a[n];	定义整型数组 a,它有 n 个元素
int * p[n];	定义指针数组 p,它由 n 个指向整型数据的指针元素组成
int (* p)[n];	p 为指向含 n 个元素的一维数组的指针变量
int f();	f 为带回整型函数值的函数
int * p();	p 为带回一个指针的函数,该指针指向整型数据
int (* p)();	p 为指向函数的指针,该函数返回一个整型值
int * * p;	P 是一个指针变量,它指向一个指向整型数据的指针变量

3. 指针运算总结如下:

(1) 指针变量加(减)一个整数。

例如:p++、p−−、p+i、p−i、p+=i、p−=i

一个指针变量加(减)一个整数并不是简单地将原值加(减)一个整数,而是将该指针变量的原值(是一个地址)和它指向的变量所占用的内存单元字节数加(减)。

(2) 指针变量赋值。将一个变量的地址赋给一个指针变量。

p＝&a；（将变量 a 的地址赋给 p）

p＝array；　（将数组 array 的首地址赋给 p）

p＝&array[i]；　（将数组 array 第 i 个元素的地址赋给 p）

p＝max；　（max 为已定义的函数,将 max 的入口地址赋给 p）

p1＝p2；　（p1 和 p2 都是指针变量,将 p2 的值赋给 p1）

注意：指针变量存放的是地址,不能存放数值。

如：p＝1000；把指针变量存放一个整数 1000 的说法是错误的。

（3）指针变量可以有空值,即该指针变量不指向任何变量。

p＝NULL；

（4）两个指针变量可以相减。如果两个指针变量指向同一个数组的元素,则两个指针变量值之差是两个指针之间的元素个数。

（5）两个指针变量比较。如果两个指针变量指向同一个数组的元素,则两个指针变量可以进行比较。指向前面的元素的指针变量"小于"指向后面的元素的指针变量。若不指向同一个数组,则比较无意义。

习　　题

一、填空题

1. 一个函数在编译时被系统分配一个入口地址,这个入口地址就称之为函数的_____。

2. 假设 int 型指针变量 pointer 的当前值为 2000,则 pointer＋5 所指的内存单元的地址值是_____。

3. 假设有语句 x＝5,y＝&x；则 y 的值是_____，*y 的值是_____。

4. 指针变量可以作为函数的参数,其传递的是一个变量的_____。

5. 若 q 是指针变量,它指向包含 n 个整型数据的一位数组,则定义语句为_____。

6. 若 q 是指针数组,它由 n 个指向整形数据的指针元素组成,则定义语句为_____。

7. 有如下的程序段：

```
int *q, x=8,y=1;
q=&x;
x= *q+y;
```

执行完程序段后,x 的值是_____。

8. 在 C 程序中通常可以用两种方法实现一个字符串,一是用_____实现,二是用_____实现。

二、程序设计题

1. 输入三个字符串,按由大到小的顺序输出。

2. A 和 B 都是个 3 行 4 列的矩阵,用指针法求 A＋B 的值。

3. 将数组 a 中的 n 个整数按相反顺序存放并输出。

4. 用指针的方法编写一个函数,主函数中从键盘任意输入一行字符串,此函数的功能是求输入的字符串的长度,并把它输出出来。

5. 编写一个函数,每次调用它时,完成两个数的相加,相减,相乘三种不同的功能之一。

6. 一个字符串,包含 n 个字符,编写一个函数,用指向字符串的指针在此字符串中找出指定的子字符串,并将其替换成别的字符串(与子字符串等长),如果没有匹配的子字符串,则输出匹配失败的信息。

第10章 结构体与共用体

【内容简介】

通过应用 C 语言的基本数据类型,我们可以编写程序解决一般性问题,但是当需要解决的问题数据项目较多时,就要使用更加复杂的数据类型,即构造数据类型。本章将主要介绍 C 语言中常用的构造数据类型——结构体数据类型,学习结构体的定义方式、结构体变量的使用方法和结构体在实际项目中的应用方法;另外,还将介绍动态数据结构和共用体方面的内容。

【学习要求】

通过本章的学习,要求理解结构体和共用体的作用;掌握结构体的定义和使用方法;掌握 C 语言的运算符和表达式。

10.1 问题的提出

在本节,我们首先考虑解决下面一个问题。

【例 10.1】 输入一个学生的学号、姓名、性别、班级以及他的数学、外语和语文的三科课程成绩,求出他的总分和平均分。

问题分析:

通过该项目的问题描述,我们知道,通过顺序结构就可以编写出这个项目的解决程序,用四个字符数组变量分别表示学号、姓名、性别、班级,用三个浮点类型变量表示学生的三科成绩,然后通过计算,求出总分和平均分,并输出即可。

程序代码:

```c
#include <stdio.h>
int main()
{
    char sno[10];           /*学号*/
    char sname[10];         /*姓名*/
    char sex[6];            /*性别*/
    char cname[30];         /*班级名称*/
    int math,english,chinese;           /*数学、英语、语文成绩*/
    float sum,avg;          /*总分平均分*/
    printf("请输入学号、姓名、性别、班级名:\n");
    scanf("%s%s%s%s",sno,sname,sex,cname);
    printf("请输入数学、英语和语文成绩:\n");
    scanf("%d,%d,%d",&math,&english,&chinese);
    sum=math+english+chinese;
```

```
avg=sum/3.0;
printf("学号:%s,姓名:%s\n",sno,sname);
printf("总成绩=%4.1f,平均成绩=%4.1f",sum,avg);
}
```

运行结果:

请输入学号、姓名、性别、班级名:

100101 张三 男 10 网络

请输入数学、英语和语文成绩:

78,89,97

学号:100101,姓名:张三

总成绩=264.0,平均成绩=88.0

程序说明:

本程序共用了 9 个变量来表示一个学生的基本信息和程序信息,整个程序采用顺序结构,处理比较简单。

通过源程序代码,我们看到上述实例比较简单,但是如果将问题进行扩展,将项目问题改为统计一个班级的学生信息,用上述程序解决起来就比较繁琐了。如果一个班级有30 名学生的话,就需要声明 270 个变量来解决这个问题,这对一个程序来说,是非常麻烦的,我们可不可以将描述一个学生信息的不同类型的数据组合起来,表示学生的指定特征,从而寻求一种方法来将问题解决简单化呢?

在实际的项目中,这样的类似问题比比皆是,如通讯录、教师信息表、用户信息表等表格数据的处理,都需要用多个不同类型的数据项来表示某个事物的特征,使用 C 语言中的基本数据类型来编写程序无法解决这类问题。针对这个情况,C 语言提供了复杂的构造类型——结构体类型,可以帮助我们很容易地解决问题。

10.2　结构体类型与结构体变量

10.2.1　结构体类型的定义

C 语言提供了一个重要的构造数据类型——结构体类型,来解决复杂事物的表示问题,它将多个数据项集合到一个数据类型中,每个数据项目被称为数据成员,它们可以具有不同的数据类型,既可以是基本数据类型,也可以是另一种构造数据类型。结构体数据类型的一般定义如下:

```
struct 结构体名
{
    数据类型 1    成员名 1;
    数据类型 2    成员名 2;
    数据类型 3    成员名 3;
    ……            ……
```

　　　　数据类型 n　　成员名 n;

　　};

说明：

　　① struct 为结构体类型的关键字，不能省略，它与结构体名合在一起构成结构体类型的完整名称。

　　② 结构体名可以用户自定义，命名原则要符合 C 语言标识符的书写规定。

　　③ 大括号内的数据可以用户自定义，标识结构体类型的成员名称，声明方式与普通变量相同。

　　④ 大括号外的";"不能省略。

　　根据上述定义格式，我们可以将 10.1 节中描述的学生信息定义为如下的结构体类型。

```
struct student
{
    char sno[10];                /* 学号 */
    char sname[10];              /* 姓名 */
    char sex[6];                 /* 性别 */
    char cname[30];              /* 班级名称 */
    int math,english,chinese;        /* 数学、英语、语文成绩 */
    float sum,avg;           /* 总分、平均分 */
};
```

10.2.2　结构体类型变量的定义

　　上面声明的学生结构体类型，它只是学生的一个模式，其中并无具体数据，只有定义了具有结构体类型的变量之后，才能在其中存放具体的数据。在 C 语言中，可以使用三种方式定义结构体类型的变量。

1. 直接定义结构体类型变量

这种方式要求在 struct 后不使用结构体名，如：

```
sturct
{
    ……
} st1,st[2], * pst;
```

此方式一般适用于不需要再次定义此类型的结构体变量的情况。

2. 先声明结构体类型，再单独定义结构体类型变量

这种方式要求先声明结构体类型，再由一条单独的语句定义变量，如：

```
struct student
{
    ……
};
```

struct student　st1,st[2], ∗ pst;

此方式适用于各种编程情况,在实际编程中使用较多,但是要注意,定义变量的时候,struct 关键字不能省略,必须与结构体名共同来定义不同的变量,因为 student 不是类型标识符,只有将 struct 和 student 放在一起才能唯一地确定一个结构体类型。

3. 声明类型的同时定义变量

这种方式将类型的声明和变量的定义放在一起,如:

sturct student

{

…

} st1,st[2], ∗ pst;

此方式也适用于各种编程情况。

10.2.3　关键字 typedef 的用法

在结构体类型变量的第二种定义方式中,要用关键字 struct 和结构体名共同来定义变量,尤其当结构体名称较长时,记忆起来不方便,C 语言提供了关键字 typedef 来简化类型定义,提高程序的可读性。

C 语言允许用 typedef 来说明一种新类型名,其一般形式如下:

typedef 原类型名 新类型名;

例如:

typedef float REAL;　　　 / ∗ 指定用 REAL 代表 float 类型 ∗ /

上述语句定义完后,以下定义变量的方法是等价的。

float a;

和

REAL a;

通过使用 typedef 关键字,我们又知道了定义结构体变量的第四种方式,即使用 typedef 说明一个结构体类型名,再用新类型名来定义变量,如:

typedef struct

{

　　char sno[10];　　　　　　　 / ∗ 学号 ∗ /

　　char sname[10];　　　　　　 / ∗ 姓名 ∗ /

　　char sex[2];　　　　　　　 / ∗ 性别 ∗ /

　　char cname[30];　　　　　　 / ∗ 班级名称 ∗ /

　　int math,english,chinese;　　　 / ∗ 数学、英语、语文成绩 ∗ /

　　float sum,avg;　　　　　　 / ∗ 总分、平均分 ∗ /

} Student;

Student st1,st[2], ∗ st3;

说明:

① typedef 只是为已经存在的类型定义了一个新类型名,并没有创建新的类型。

② typedef 与 ♯define 有相似之处,例如 typedef int INTEGER 与 ♯ define INTE-GER int 都是用 INTEGER 代表 int,但 ♯define 是在编译预处理时处理的,只能作为简单的字符串替换,而 typedef 是在编译时处理的,并不是做简单的字符串替换。

10.2.4 结构体变量的引用和初始化

1. 结构体变量的引用

定义完一个结构体类型的变量之后,就可以在程序中使用它了。但要注意的是,不能将一个结构体变量作为一个整体来直接使用,只能通过引用变量中的成员来实现对结构体变量的使用。引用结构体变量中成员的格式为:

(1) 结构体变量名. 成员名。

(2) 结构体指针变量名一>成员名。

(3) (＊结构体指针变量名). 成员名。

说明:

① ". "称为成员运算符,是引用成员的通用运算符。

② "一>"是结构指向运算符,由减号"一"和大于号">"两部分组成,它们之间不能有空格,常用于指针类型变量。

③ 上述两个运算符与圆括号、下标运算符的优先级相同,在 C 语言中优先级最高。

④ 第三种格式也适用于指针变量。

【例 10.2】声明学生类型的结构变量,分别用前两种引用形式实现学生信息的输入和输出。

问题分析:

分别用 student 结构体类型定义两个变量,按照变量引用格式来实现结构体变量的赋值和输出。

程序代码:

```
♯include 〈string. h〉
typedef struct
{
    char sno[10];            /＊学号＊/
    char sname[10];          /＊姓名＊/
    char sex[6];             /＊性别＊/
    char cname[30];          /＊班级名称＊/
    float math,english,chinese;        /＊数学、英语、语文成绩＊/
    float sum,avg;           /＊总分、平均分＊/
} Student;
int main()
{
    Student st, ＊Pst;       /＊变量定义＊/
    printf("请输入学生信息(学号、姓名、性别、班级名及数学、英语和语文成绩)\n");
```

```
        scanf("%s%s%s%s",st. sno,st. sname,st. sex,st. cname);
        scanf("%f%f%f",&st. math,&st. english,&st. chinese);
        st. sum=st. math+st. english+st. chinese;
        st. avg=st. sum/3. 0;
        Pst=&st;
        printf("学生信息如下:\n");
        printf ("学号=%s\t 姓名=%s\t 性别=%s\t 班级名=%s\n",Pst->sno,
            Pst->sname,Pst->sex,Pst->cname);
        printf ("数学=%4. 1f\t 英语=%4. 1f\t 语文=%4. 1f\n",Pst->math,
            Pst->english,Pst->chinese);
        printf ("总分 score is:%5. 1f\t 平均分 score is:%4. 1f\n",Pst->sum,
            Pst->avg);
    }
```

运行结果:

请输入学生信息(学号、姓名、性别、班级名及数学、英语和语文成绩)

110101 李少白 男 11 网络

91　89　99

学生信息如下:

学号=110101　　　姓名=李少白　　　性别=男　　　　班级名=11 网络

数学=91.0　　英语=89.0　　语文=99.0

总分 score is:279.0　　平均分 score is:93.0

程序说明:

① 这个结构体类型共有 9 个数据成员,用于描述学生的基本信息和成绩信息。结构体变量的输入、输出,就是分别对其成员输入、输出。

② 不能将一个结构体变量作为一个整体进行输入和输出。

③ 用成员运算符方式引用的结构体变量成员,用法同普通变量相同。

④ 用指向运算符方式引用结构体变量成员时,指向运算符前面必须是结构体类型指针变量。

2. 结构体变量的初始化

通过学习以前的知识,我们知道,一个变量在定义的时候可以给它赋初值,即变量的初始化。结构体变量与普通变量一样,可以在声明的时候,进行初始化工作,结构体变量初始化的一般格式如下:

struct 结构体名

{

　　成员声明列表;

}结构体变量名={初始化值列表};

说明:

"初始化值列表"中的各个值用逗号","分隔。

【例 10.3】声明学生类型的结构变量并进行初始化,分别用前两种引用形式实现学生信息的输入和输出。

程序代码：

```
/＊初始化学生类型的结构体变量，并输出＊/
♯include〈stdio. h〉
int main()
{
    struct student
    {
        char sno[10];              /＊学号＊/
        char sname[10];            /＊姓名＊/
        char sex[6];               /＊性别＊/
        char cname[30];            /＊班级名称＊/
        float math,english,chinese;           /＊数学、英语、语文成绩＊/
        float sum,avg;          /＊总分、平均分＊/
    } st={"20110102","郭靖","男","11 网络班",66,77,88};
    st. sum=st. math+st. english+st. chinese;
    st. avg=st. sum/3. 0;
    printf("学生信息如下:\n");
    printf("学号=％s\t 姓名=％s\t 性别=％s\t 班级名=％s\n",st. sno,st.
        sname,st. sex,st. cname);
    printf("数学=％4. 1f\t 英语=％4. 1f\t 语文=％4. 1f\n",st. math,st. english,
        st. chinese);
    printf("总分:％5. 1f\t 平均分:％4. 1f\n",st. sum,st. avg);
}
```

运行结果：

学生信息如下：

学号=20110102   姓名=郭靖   性别=男   班级名=11 网络班

数学=66.0   英语=77.0   语文=88.0

总分:231.0   平均分:77.0

程序说明：

① 在进行结构体变量初始化的时候，初始化值一定要和成员的数据类型匹配。

② 初始化的时候，可以只对结构体变量的部分成员初始化，但是要依据向左靠齐的原则，即按照成员变量的顺序初始化，下面的初始化就是错误的。

```
struct student
    {
    …
    } st={"20110102","郭靖","1",66,77,88};
```

因为上面语句在初始化的时候，在性别和成绩之间缺少对班级名称成员的初始化数据，结果造成数据值的对应错位，会产生程序的预期结果错误。

10.3　结构体数组

通过前两节知识的学习,我们已经知道了如何使用结构体类型将多个不同基类型(整型、浮点型、字符数组等)的数据组合在一起表示学生的基本信息。当需要对一个班级的 30 名学生数据进行处理的时候,显然就要用到数组了,我们把它称之为结构体数组。

结构体数组的每个元素都是具有相同结构类型的下标结构体变量。在实际应用中,经常用结构体数组来表示具有相同数据结构的数据。

10.3.1　结构体数组的定义

与定义普通变量类似,结构体数组的定义有两种方式。

1. 先声明结构体类型,再定义结构体数组

这种方式先声明一个结构体类型,然后用该类型名定义数组,这是一种间接定义方式,例如:

```
struct student
{
    char sno[8];
    char sname[10];
    char sex[6];
    char cname[30];
};
struct student st[3];
```

定义了一个结构体数组 st,它一共有 3 个元素,分别是 st[0]~st[2],它们都具有 struct student 的结构形式。

2. 在声明结构体类型的同时定义结构体数组

这是一种直接定义方式,例如:

```
struct student
{
    char sno[8];
    char sname[10];
    char sex[6];
    char cname[30];
} st[30];
```

8.3.2　结构体数组的初始化

和其他类型数组一样,对结构体数组可以进行初始化,其一般格式如下:

```
struct 结构体类型名
{
    成员定义列表;
}结构体数组名={ {…},{…},…};
```

例如:

```
struct student
{
    char sno[8];
    char sname[10];
    char sex[6];
    char cname[30];
} st[2]={{"20110101","李少白","男","11 网络"},{"20110102","郭靖","男","
11 网络"}};
```

说明:

在定义结构体数组时,元素的个数可以不指定,即可以写成以下形式:

st[]={{…},{…},…};

编译时,系统会根据给出初值的结构体变量的个数来确定数组元素的个数。

10.3.3　结构体数组的应用实例

结构体数组在实际的项目程序设计中经常使用,下面就列举一个案例来说明结构体数组的定义和使用。

【例 10.4】求出 3 个学生中最高分数的学生姓名和成绩信息。设学生信息只有姓名信息和成绩信息两个成员,学生姓名在数组定义时初始化,学生的成绩可以通过输入来实现,要求最后输出分数最高的学生姓名和成绩。

问题分析:

通过实例描述,首先应该通过数组初始化来为数组的姓名成员赋初值,然后输入对应学生的成绩信息,最后通过比较得到最高分学生的姓名信息和成绩信息。

程序代码:

```
#include <string.h>
#include <stdio.h>
struct student
{
    char sname[10];          /*学生姓名*/
    int score;               /*学生成绩*/
};
int main()
{
    int i;
```

```
    float max_score=0.0;
    char max_name[10];
    struct student st[3]={{"李少白"},{"郭靖"},{"黄芙蓉"}};
    printf("请输入学生成绩:\n");
    for(i=0;i<3;i++)
    {
        printf("%s:\n",st[i]. sname);
        scanf("%d",& st[i]. score);
        if (max_score<st[i]. score)
        {   max_score=st[i]. score;
            strcpy(max_name,st[i]. sname);   }
    }
    printf("成绩最好的学生:\n");
    printf("姓名=%s\t 成绩=%4.1f\n",max_name,max_score);
}
```

运行结果:

请输入学生成绩:

李少白:

78

郭靖:

87

黄芙蓉:

96

成绩最好的学生:

姓名=黄芙蓉　　　成绩=96.0

程序说明:

① 程序定义一个结构体数组 st,它有 3 个元素,每一个元素包含两个成员 sname(姓名)和 score(成绩)。在定义数组的时候,初始化每个元素的姓名信息。

② 变量 max_name、max_score 用来存储成绩最高的学生姓名和成绩信息。

③ 程序用一个 3 次的循环输入学生的成绩,并比较大小,以获得最高成绩的学生姓名信息和成绩信息。

10.3.4　指针与结构体数组

在 C 程序的编写过程中,使用指向数组或数组元素的指针和指针变量,可以让程序编写更加灵活。同样,对结构体数组及其元素也可以使用指针和指针变量。

【例 10.5】用指向结构体数组的指针实现学生信息的输出。

问题分析:

使用指向结构体数组的指针与使用指向基本类型数组的指针一样,根据数组和指针的特点,我们可以定义一个结构体类型的指针,用于指向数组的第一个元素,然后利用循环就可以实现多个学生信息的输出。

程序代码:

```
#include 〈stdio.h〉
struct student
{
    char num[10];
    char name[20];
    char sex[6];
    int age;
};
struct student stu[] =
        {{"20110101","李少白","男",18},
        {"20110102","郭靖","男",19},
        {"20110103","黄芙蓉","女",19}};
int main( )
{
    struct student * p;
    printf("学号    姓名    性别    年龄\n");
    for(p = stu; p < stu+3; p++)
    printf ("%s   %-18s %s %6d\n",p->num, p->name, p->sex, p->
        age);
}
```

运行结果:

学号	姓名	性别	年龄
20110101	李少白	男	18
20110102	郭靖	男	19
20110103	黄芙蓉	女	19

程序说明:

① p 是指向 struct student 结构体类型数据的指针变量。在 for 语句中先使 p 的初值为 stu。

② p 加 1 意味着 p 的值为 stu+1,即指向结构体数组的下一个元素。

10.4 结构体与函数

与普通基本数据类型(如整型、字符型等)的变量一样,结构体数据也可以作为参数在函数之间传递。一般情况下,结构体数据作为函数的参数,有以下三种情况。

10.4.1　结构体变量的成员作参数

这种情况下的用法与普通变量作实参一样,属于"值传递"方式,但应当注意实参和形参的类型要保持一致。

【例 10.6】计算学生总分的程序。假设学生包括姓名、3 门成绩和总分信息,要求使用函数,根据学生的 3 门成绩计算学生总分并输出。

问题分析:

根据项目描述,编写一个函数,接收学生的 3 门课程成绩,计算总分。

程序代码:

```c
#include <stdio.h>
struct student
{
    char name[20];
    int score[3];
    int sum;
};
int add(int x,int y,int z)
{   return x+y+z;   }
int main( )
{
    struct student st[3];
    int i;
    printf("请输入 3 个学生的信息:\n");
    for (i=0;i<3;i++)
    {
        scanf("%s",st[i].name);
        scanf ("%d,%d,%d",&st[i].score[0],&st[i].score[1],
            &st[i].score[2]);
        st[i].sum=add(st[i].score[0],st[i].score[1],st[i].score[2]);
    }
    printf("\t\t 姓名\t 数学\t 英语\t 语文\t 总分\n");
    for (i=0;i<3;i++)
        printf ("%20s\t%5d\t%5d\t%5d\t%5d\n",st[i].name,st[i].score[0],
            st[i].score[1],st[i].score[2],st[i].sum);
}
```

运行结果:

请输入 3 个学生的信息:

李少白

```
78,76,83
郭靖
65,91,72
黄芙蓉
91,93,96
```

姓名	数学	英语	语文	总分
李少白	78	76	83	237
郭靖	65	91	72	228
黄芙蓉	91	93	96	280

程序说明：

本程序中的 add 函数的功能是计算总分，它接收的参数就是结构体数组元素的成员。

10.4.2　结构体变量作参数

当结构体变量作为参数时，采用的也是"值传递"的方式，将结构体变量所占的内存单元的内容全部按顺序传递给形参，形参必须是同类型的结构体变量。由于函数在调用期间也要占用内存单元，这种传递方式在空间和时间上的开销较大，特别是结构体规模很大时，开销更大。因此，这种方式适用于结构体规模较小的情况。

【例 10.7】用结构体变量作参数，编写一个输出函数，输出学生的学号、姓名和 3 门课的成绩。

问题分析：

根据问题要求，需要编写一个输出函数，接受一个结构体变量作参数，输出相关信息。

程序代码：

```c
#include <stdio.h>
#include <string.h>
#define FMT "学生信息:\n%5d%20s%5.1f%5.1f%5.1f\n"
/*定义格式输出符号常量*/
struct student
{
    int num;
    char name[20];
    float score[3];
};
int print( struct student p )
{
    printf(FMT,p.num,p.name,p.score[0],p.score[1],p.score[2]);
}
```

```
int main( )
{
    struct student stu;
    stu. num = 20110105;
    strcpy(stu. name, "张三");
    stu. score[0] = 67. 5;
    stu. score[1] = 89;
    stu. score[2] = 78. 6;
    print(stu);
}
```

运行结果：

学生信息：

20110105　张三 67. 5 89. 0 78. 6

程序说明：

在【例 10.7】的程序中，定义了一个输出的格式常量，使程序的输出语句更加简洁、易于修改。

10.4.3　用指向结构体变量的指针作实参,将结构体变量的地址传递给形参

在这种情况下,由于只是传递实参的地址给函数,函数在调用时,系统只需要为形参指针开辟一个存放实参结构体变量的地址值,而不必另行建立一个结构体变量。这样既可以减少系统操作所需的时间,提高程序的执行效率,又可以通过函数调用,有效地修改结构体中成员的值。

【例 10.8】用结构体变量指针作参数,改写例 10.7。

程序代码：

```
#include <string. h>
#include <stdio. h>
#define FMT "学生信息:\n%5d%20s%5. 1f%5. 1f%5. 1f\n"
struct student
{
    int num;
    char name[20];
    float score[3];
};
int print(struct student * p)
{
    printf (FMT, p -> num, p -> name, p -> score[0], p -> score[1],
        p->score[2]);
```

```
}
int main( )
{
    struct student stu;
    stu. num = 20110105;
    strcpy(stu. name，"张三");
    stu. score[0] = 67.5;
    stu. score[1] = 89;
    stu. score[2] = 78.6;
    print( &stu );
}
```

程序说明：

print 函数在调用时，只是将结构体变量 stu 的地址传递给形参 p，这样就不用系统创建相同大小的内存单元了，从而节省了时间和空间。

10.5　动态数据结构

10.5.1　动态存储分配概述

1. 动态存储分配的必要性

利用 C 语言编写程序，在处理批量相关数据时，使用数组是相当方便的，但是，使用数组之前需要事先定义其类型和长度（即数组元素的最大个数），而一旦定义完数组之后，就要为其分配存储空间，不管它是否存储了有效的数据。这就存在两个问题：一是如果数组长度定义过小，出现数据需要扩充的话，原来的程序必须修改，因为 C 语言中没有提供动态分配数组的机制；二是如果数组长度定义过大，当数组元素为结构体类型，而且数据量不大的时候，又可能造成空间的巨大浪费。以学生信息管理为例，假设以班级为单位设置学生信息，如一个小型班级有 30 人，而另一个大型班级有 60 人，那么在定义数组长度的时候，必须将数组的长度定义为大于 60（因为要考虑到人数的增加因素），这样在存储小班数据的时候，将会有大于 30 以上的数组空间是无用的，这就会造成空间浪费，而计算机的存储空间是有限的，如果在程序执行时，需要处理大量的类似数据，程序的执行效率将会大大降低。在实际的编程中，往往会发生这种情况，即所需的内存空间取决于实际输入的数据，而无法预先确定。对于这种问题，用数组的办法很难解决，要解决这个问题，就必须实现存储空间的动态分配。

2. 动态存储函数

为了解决上述问题，C 语言提供了一些内存管理函数，这些内存管理函数可以按需要动态地分配内存空间，也可把不再使用的空间回收待用，为有效地利用内存资源提供了手段。常用的动态存储函数有以下几个：

（1）malloc 函数。该函数的调用格式如下：

（类型说明符 ∗ ）malloc(size)

格式说明：

① 该函数的功能是在内存的动态存储区中分配一块长度为"size"字节的连续区域。函数的返回值为该区域的首地址，如果函数调用失败，则返回空指针（NULL）。

② "类型说明符"表示把该区域用于何种数据类型，（类型说明符 ∗ ）表示把返回值强制转换为该类型指针。

③ "size"是一个无符号数，表示分配空间的字节长度，一般是单位数据类型数据所占的字节数。

例如：pm＝(char ∗)malloc(200);

表示分配 200 个字节的内存空间，并强制转换为字符数组类型，函数的返回值为指向该字符数组的指针，把该指针赋予指针变量 pm。

如果不能确定数据类型所占字节数（尤其是结构体类型），可以使用 sizeof 运算符求得。例如：

        pi＝(int ∗)malloc(sizeof(int));

        ps＝(struct stu ∗)malloc(sizeof(struct stu));

（2）calloc 函数。该函数的调用格式如下：

（类型说明符 ∗ ）calloc(n,size)

格式说明：

① 该函数的功能是在内存动态存储区中分配 n 块长度为"size"字节的连续区域。函数的返回值为该区域的首地址。

② （类型说明符 ∗ ）用于强制类型转换。

③ n 是一个无符号整数，表示分配的块数。calloc 函数与 malloc 函数的区别在于一次可以分配 n 块区域。

例如：pb＝(struet stu ∗)calloc(2,sizeof(struct stu));

其中的 sizeof(struct stu)是求结构体类型 stu 的结构长度。因此该语句的意思是：按 stu 的长度分配 2 块连续区域，强制转换为 stu 类型，并把其首地址赋予指针变量 pb。

（3）free 函数。该函数的格式如下：

free(void ∗ ptr);

格式说明：

① 该函数的功能是释放 ptr 所指向的一块内存空间，但该函数无返回值。

② ptr 是一个任意类型的指针变量，它指向被释放区域的首地址。被释放区应是由 malloc 或 calloc 函数所分配的区域。

【例 10.9】动态分配一块存储区，存放一个学生数据。

问题分析：

由于要求存放一个学生数据，因此，可以考虑使用 malloc 函数。

程序代码：

```
#include 〈stdio.h〉
#include 〈string.h〉
#include 〈malloc.h〉
```

```
#include <stdlib.h>
typedef struct
{
    int no;
    char * name;
    char sex[6];
    float score;
} student;
int main()
{
    student * pm;
    pm=(student * )malloc(sizeof(student));        /* 动态分配空间 */
    if (pm==0)            /* 如果分配失败,提示并退出 */
    {
        printf("内存分配失败\n");
        exit(0);
    }
    else          /* 如果分配成功,存入数据 */
    {
        pm->no=20110101;
        pm->name="李少白";
        strcpy(pm->sex,"男");
        pm->score=88.5;
        printf("学号=%d\t 姓名=%s\n",pm->no,pm->name);
        printf("性别=%s\t 成绩=%5.1f\n",pm->sex,pm->score);
        free(pm);          /* 释放动态分配的空间 */
    }
}
```

运行结果：

学号=20110101　姓名=李少白

性别=男 成绩= 88.5

程序说明：

① 在动态分配内存时,一定要考虑分配失败的情况(即内存空间不足),本程序在分配之后,即检查返回值的情况,返回值为 0 时,表示返回空指针,分配失败,此时,给出出错提示,并退出。因为要使用 exit 函数,所以在程序的起始部分要将标准库函数"stdlib.h"包含进来。

② 在程序结束之前,一定要释放动态分配的空间,留做他用。

10.5.2　链表概述

链表是一种重要的动态数据结构,在实际的程序开发中应用非常广泛。在实际的计算机程序开发中,经常会遇到处理大量相关数据的情况,如学生信息、教师信息、居民信息等,若用数组来存放数据,必须事先定义固定的长度,就会出现空间浪费、数据扩充困难等问题。而用链表来存储这些信息,就不会产生类似的问题。

在结构上,链表是以"结点"为存储单位链接而成的数据结构。链表的逻辑结构如图10-1 所示。

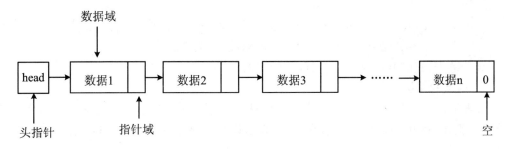

图 10-1　链表的结构

"结点"是链表的基本信息单位,由数据域和指针域两部分组成,其中数据域存储数据元素信息,指针域存储当前结点的下一个结点位置(即后继结点)。

从图 10-1 可以看到,第一个结点(我们称之为头结点,数据域不存储信息)的指针域内存入第二个结点的首地址,在第二个结点的指针域内又存放第三个结点的首地址,如此串连下去直到最后一个结点。最后一个结点因无后续结点连接,其指针域可赋为 0(表示为空)。

由于链表的结点是动态分配的,因此,结点之间可能是不连续的,它们之间的联系,通过结点内的指针联系。

链表中结点的一般结构如下:

struct 链表结点名

{

数据类型 1　数据成员 1;

数据类型 2　数据成员 2;

……

数据类型 n　数据成员 n;

struct 链表结点名　∗ next(后继指针);

}

例如,一个存放学生学号和成绩的结点应为以下结构:

struct stu

　　{ int num;

　　int score;

```
        struct stu  * next;
    }
```

前两个成员项组成数据域,后一个成员项 next 构成指针域,它是一个指向 stu 类型结构的指针变量。

10.5.3 链表的基本操作

由于链表之间的联系是通过指针实现的,因此,一旦确定头结点的位置,就可以确定链表上任意结点的位置。

例如:

假定指针变量 head 指向链表的头结点,那么第一个结点的位置就是 head—>next,第二个结点的位置就是 head—>next—>next,以此类推。

对于链表,它的基本操作主要有以下几种:

1. 结点的遍历

链表的结点遍历操作,即从链表头到链表尾的处理操作,是链表的最基本操作。链表插入、删除、查找和输出等操作都涉及遍历操作。链表的遍历操作可用如下程序段实现:

```
p=head—>next;          / * 执行头结点 * /
while (p! =0)           / * 如果 p 不为空(即未处理尾结点)* /
{
    处理语句;
    p=p—>next;         / * 准备处理下一个结点 * /
}
```

2. 链表的创建

即从无到有创建一个链表,是链表的初始化操作,将在后面的内容中详细阐述。

3. 链表结点的删除

即给定结点的位置,将该结点从链表中删除的操作,是链表的常用操作,将在后面的内容中详细阐述。

4. 链表结点的插入

即给定结点的位置,在该结点前插入一个新结点的操作,是链表的常用操作,将在后面的内容中详细阐述。

10.5.4 链表的创建

链表的创建过程就是一个一个动态开辟结点存储单元和输入结点数据,并建立起前后链接关系的过程。动态创建链表的程序设计思想如下(假定创建具有 n 个结点的链表):

① 定义指针变量 head、pf、pb。

② 开辟头结点单元。如果创建空间失败,则退出程序。

③ 如果创建成功,将头结点的地址赋予一个临时变量 pf,则进入循环体开始创建数据结点,即进入步骤④。

④ 创建一个数据节点 pb,输入数据给结点的数据成员。

⑤ 将 pf 的指针域指向新结点 pb。

⑥ 判断创建的记录数是否达到要求,如没有则返回步骤④,否则进入步骤⑦。

⑦ 将最后一个结点的指针域置空,返回头指针。

创建 3 个结点的链表的过程如图 10-2～图 10-4 所示。

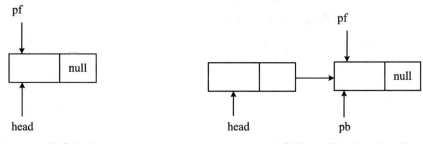

图 10-2　创建头结点　　　　　　　　图 10-3　创建第一个数据结点并连接

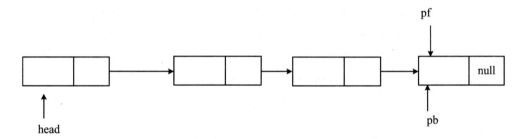

图 10-4　所有结点链接完毕

【例 10.10】创建一个学生的动态链表,输入学生数据,并输出全部信息。

问题分析:

通过上面的思想描述和图示,我们可以直观地了解创建一个动态链表的过程,根据这个思想,可以按照程序设计思想,建立一个函数接收指定的结点个数,创建链表。还可以编写一个函数接受要输出链表的首地址,输出链表所有结点的数据。

程序代码:

```
#include <stdio.h>
#include <stdlib.h>
#include <malloc.h>
#define NULL 0            /*定义空指针 0 的符号常量*/
typedef struct st         /*定义学生结构*/
{
    char name[10];
    int score;
    struct st   * next;
```

```
} student;
student * create_linklist(int n)              /* 创建链表 */
{
    student * head, * pf, * pb;
    int i;
    head=(student * )malloc(sizeof(student));       /* 创建头结点 */
    if (head==0)          /* 创建失败的情况 */
    {
        printf("内存分配失败！\n");
        exit(0);
    }
    else
    {
        pf=head;
        for(i=1;i<=n;i++)
        {
            pb=(student * )malloc(sizeof(student));       /* 创建结点 */
            printf("输入姓名和成绩\n");
            scanf("%s%d",&pb->name,&pb->score);        /* 存放数据 */
            pf->next=pb;          /* 建立连接 */
            pf=pb;
        }
        pb->next=NULL;          /* 尾指针的指针域设为空 */
        return(head);          /* 返回头结点 */
    }
}
int print_linklist(student * h)          /* 输出链表信息 */
{
    student * p;
    p=h->next;
    printf("\n学生信息如下:\n");
    while(p! =NULL)          /* 如果指针不为空 */
    {
        printf("姓名=%s,成绩=%d\n",p->name,p->score);/* 输出信息 */
        p=p->next;        /* 指向下一个结点 */
    }
}
int main()
{
```

```
    student * head;              /* 定义头指针 */
    head＝create_linklist(3);    /* 创建 3 个结点的链表 */
    print_linklist(head);        /* 输出所有链表数据 */
}
```

运行结果：
输入姓名和成绩
李少白 87
输入姓名和成绩
郭靖 76
输入姓名和成绩
黄芙蓉 98

学生信息如下：
姓名＝李少白,成绩＝87
姓名＝郭靖,成绩＝76
姓名＝黄芙蓉,成绩＝98
程序说明：
① 函数 create_linklist 的功能是创建 n 个结点的链表,n 由主函数确定。
② 函数 print_linklist 的功能是输出链表的所有结点数据,它的基本设计思想是从头结点开始,利用一个临时指针变量 p,依次输出结点数据的值,直到尾结点为止。
③ 在函数 create_linklist 中,指针变量 pb 用于指向每次新创建的结点,而指针变量 pf 用于建立连接,它始终在链表的最后一个结点,实现与新结点的链接。

10.5.5　链表结点的删除

删除操作是链表的基本操作,如一个存储学生信息的链表,当一个学生调走时,就需要将表示这个学生的结点从链表中删除。要删除一个结点,首先要确定结点的位置,然后再进行删除,删除的时候还要确定删除结点的前一个结点的位置,不然的话,删除这个结点后,链表的链接关系在删除结点处就会断开。删除结点的操作如图 10-5 所示,其中 p 是要删除的结点,pf 指向该结点的前驱结点。

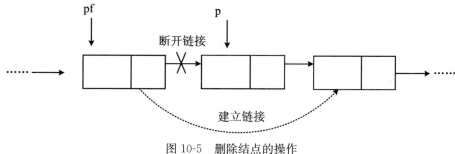

图 10-5　删除结点的操作

　　根据示意图,可以写出如下语句实现结点的删除:

　　　　pf->next=p->next;

　　　　free(p);

　　删除结点的程序设计思想如下(假定删除指定某个姓名的同学结点):

　　① 确定链表是否为空,如果为空,提示出错,结束函数运行。

　　② 如果不为空,则遍历该链表,找到要删除结点的前一个结点位置(用指针 pf 表示),如果不到指定的结点,则提示出错,结束函数运行,否则进入步骤③。

　　③ 将结点的下一个结点位置赋值给变量 p(即要删除的结点),将 pf 的指针域指向 p 的下一个位置(即将 p 从链表中断开)。

　　④ 释放结点 p。

　　【例 10.11】 从例 10.10 创建的学生链表中,删除指定学生姓名的结点,并输出全部信息。

　　问题分析:

　　根据删除结点的程序设计思想,可编写一个函数实现删除的功能。

　　程序代码:

　　本实例也要用到例 10.11 的程序中编写的创建链表的函数和输出链表的函数,因为篇幅关系,这里就不一一列出了。本代码段只列出删除函数和主函数部分的代码,读者在调试的时候,请自行加上创建函数和输出函数的内容,否则程序不能调试通过。

```c
#include <stdio.h>
#include <stdlib.h>
#include <string.h>
#include <malloc.h>
#define NULL 0            /*定义空指针 0 的符号常量*/
typedef struct st         /*定义学生结构*/
{
    char name[10];
    int score;
    struct st  * next;
} student;
student * del_linklist(student * head,char na[])
{
    student * pf, * p;
    if(head==NULL)      /*如果链表为空,显示出错信息*/
    {
        printf("\n 链表为空! \n");
        exit(0);
    }
    pf=head;      /*将 pf 指向头结点*/
    while(pf->next! =NULL && strcmp(na,pf->next->name)! =0)
```

```
    /* 当未到链表尾且未找到指定结点时循环 */
        {
            pf=pf->next;        /* 指针后移 */
        }
        if(pf->next! =NULL)        /* 未到链表尾表示找到指定结点 */
        {
            p=pf->next;        /* p 指向要删除结点 */
            pf->next=p->next;
    /* 删除结点的前驱的指针域指向删除结点的后继,即将 p 从链表中断开 */
            free(p);        /* 释放删除节点 */
        }
        else
            printf("\n 没找到结点! \n");
        return head;        /* 返回头结点指针 */
}
int main()
{
    student  * head;        /* 定义头指针 */
    char sname[10];
    head=create_linklist(4);        /* 创建 4 个结点的链表 */
    printf("\n 删除前:\n");
    print_linklist(head);        /* 输出所有链表数据 */
    printf("\n 请输入要删除的结点的姓名值\n");
    scanf("%s",sname);        /* 输入要删除的结点姓名 */
    head=del_linklist(head,sname);        /* 执行删除 */
    printf("\n 删除后:\n");
    print_linklist(head);        /* 输出删除后的链表数据 */
}
```

运行结果:
输入姓名和成绩
李少白 87
输入姓名和成绩
郭靖 76
输入姓名和成绩
黄芙蓉 98
输入姓名和成绩
李杰 88
删除前:
学生信息如下:

姓名＝李少白,成绩＝87

姓名＝郭靖,成绩＝76

姓名＝黄芙蓉,成绩＝98

姓名＝李杰,成绩＝88

请输入要删除的结点的姓名值

郭靖

删除后:

学生信息如下:

姓名＝李少白,成绩＝87

姓名＝黄芙蓉,成绩＝98

姓名＝李杰,成绩＝88

程序说明:

① 指针变量 pf 的作用是指向要删除结点的前一结点。因为循环判断表达式

　　　pf->next! ＝NULL && strcmp(na,pf->next->name)! ＝0

始终是以 pf 的后继结点做条件判断的,所以 pf 始终是指向要删除结点的前一结点。

② 在找到要删除结点后,就将 p 指向要删除的结点。因为 pf 始终指向要删除结点的前一结点,因此下面的语句就实现了 p 指向删除结点的功能。

　　　p＝pf->next;

③ 本程序用到了一个函数 strcmp(包含在库文件 string. h 中),其作用是判断两个字符串是否相等,如果相等则返回 0。

10.6　共　用　体

10.6.1　共用体的定义

所谓共用体,指的就是多个变量共享一段存储单元的一种结构。例如,可把一个字符变量、一个整型变量和一个实型变量放在同一个地址开始的内存单元中,如图 10-7 所示,虽然 3 个变量在内存中占有的字节数不同,但都从同一个地址开始,在使用的时候,只能使用其中一个变量。在一个 C 程序中,如果若干个变量不被同时使用,就可以将这些变量定义到一个共用体内,从而达到节省内存空间的目的。

共用体类型定义的一般格式如下:

union 共用体类型名

｛

成员列表;

｝;

格式说明:

① "union"是共用体定义的关键字,必须以这个关键字开头。

② "成员列表"是共用体内的成员变量的声明。在某个时刻,只能使用成员列表中的

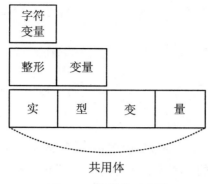

图 10-7　共用体示意图

一个成员,不能同时使用多个成员。

例如,上面列举的示例可以定义为:

```
union
{
    char c1;
    int a;
    float b;
};
```

共用体和结构体的定义虽然类似,但是它们之间确存在着明显的不同。

(1) 成员占有内存形式不同。结构体成员分别占有独立的内存单元,结构体变量所占内存长度是各成员占的内存长度之和。上面的例子如果按结构体定义的话,则一个结构体变量的长度应该是 1+2+4=7。共用体成员共享一段内存单元,共用体变量所占内存长度是各成员中最长成员类型的长度,如上例中的一个共用体变量的长度是实行变量的长度,即 4 字节。

(2) 成员的使用不同。由于共用体的各个成员共享内存,所以一次只能使用其中的一个成员,而结构体中的所有成员都可以同时使用。

10.6.2　共用体变量的引用

1. 共用体变量的定义

和普通变量一样,共用体变量在使用之前必须先定义。共用体变量的定义主要有两种形式:

① 定义共用体类型的同时定义变量,如:

```
union
{
    int a;
    float b;
}u1,u2;
```

② 先定义共用体类型,然后再定义变量,如:

```
union udata
{
    int a;
    float b;
};
udata u1,u2;
```

2. 共用体变量的引用

共用体变量的引用和结构体变量的引用相似,但是值得注意的是不能引用共用体变量,而只能引用共用体变量的一个成员,例如:"u1.a"和"u2.b"都是正确的,而使用这个语句"printf("%d",u1);"则是不正确的。

【例 10.13】共用体变量的引用。

程序代码:

```
#include <stdio.h>
union un        /*定义共用体*/
{
    char c;
    int a;
};
struct sn       /*定义结构体*/
{
    char c;
    int a;
};
int main()
{
    union un u1,*p;
    struct sn s1;        /*输出共用体和结构体的类型长度*/
    printf("sizeof(union un)=%d\n",sizeof(union un));
    printf("sizeof(struct sn)=%d\n",sizeof(struct sn));
    u1.c='A';        /*共用体成员变量赋值*/
    u1.a=66;
    p=&u1;           /*共用体指针引用*/
    s1.c='A';        /*结构体成员变量赋值*/
    s1.a=66;
    printf("p->c=%c,p->a=%d\n",u1.c,u1.a);
    /*输出共用体成员变量*/
    printf("s1.c=%c,s1.a=%d\n",s1.c,s1.a);        /*输出结构体成员变量*/
}
```

运行结果:

sizeof(union un)＝4

sizeof(struct sn)＝8

p－＞c＝B,p－＞a＝66

s1. c＝A,s1. a＝66

程序说明：

① 因为共用体的成员变量共享存储空间,因此在输出共用体类型长度时,输出的是2,即整型成员变量 a 的长度。而结构体成员分别占有独立的内存单元,结构体变量所占内存长度是各成员所占的内存长度之和,因此在输出结构体类型长度时,输出的是 3,即整型成员变量 a 和字符型变量 c 的长度之和。

② 共用体的成员变量共享存储空间,在赋值时,最后被赋值成员变量的值会覆盖以前变量的值,即只有最后一个被赋值的成员变量有效,所以先赋值的成员变量 c 的值会被后赋值的成员变量 a 的值所覆盖。而结构体的成员变量独占存储空间,因此在赋值时不会发生覆盖现象。所以在输出共用体成员变量值的时候,输出字符 B 和 66(66 是字母 B 的 ASCII 码),而在输出结构体成员变量的时候,输出字符 A 和 66。

③ 语句"p＝&u1;"是将共用体变量的地址赋值给指针 p,然后再输出时用指针 p 引用共用体的成员变量。

10.7　程 序 举 例

10.7.1　学生信息的查询

1. 程序描述

给定一组学生信息(包括学号、姓名、性别、班级名称和 3 门功课的成绩),要求编写程序实现查找指定姓名的某个学生信息。

2. 程序分析

(1) 功能分析。根据项目描述,该程序要实现两个功能:一是学生信息的输入;二是查找指定姓名的学生信息。

(2) 数据分析。根据项目描述,学生数据包括学号、姓名、性别、班级名称和 3 门功课的成绩,为此可以建立两个结构体类型用于表示学生基本信息和成绩信息。

学生成绩信息结构体如下:

```
typedef struct      / * 学生成绩结构体 * /
{
    float math；      / * 数学成绩 * /
    float english；     / * 英语成绩 * /
    float chinese；      / * 语文成绩 * /
}Score；
```

学生基本信息结构体如下:

```
typedef struct      /*学生信息结构体*/
{
    char sno[8];        /*学号*/
    char name[20];       /*姓名*/
    char sex[2];        /*性别*/
    char cname[20];       /*班级名称*/
    Score sc;        /*成绩*/}Student;
```

3. 程序设计

（1）自定义函数的确定。根据系统的功能分析，应该编写两个函数，分别实现数据录入功能和数据查询功能。两个函数的功能及设计思想为：

① 数据录入功能函数。

函数名：input_data

函数功能：从键盘录入数据并存入结构体数组

输入参数：学生人数

返回值：无

基本设计思想：

☆ 定义有关变量。

☆ 确定输入的学生人数。

☆ 从键盘输入数据到结构体数组。

② 数据查询功能函数。

函数名：query

函数功能：接受指定的姓名，查找数组并显示相应的信息

输入参数：学生姓名，学生人数

返回值：无

基本设计思想：

☆ 定义有关变量。

☆ 利用循环语句查找指定姓名的学生。

☆ 显示查询结果。

（2）主函数。

函数名：main

函数功能：接受用户输入的信息，存放数据到数组，并执行查询

输入参数：无

返回值：无

基本设计思想：

☆ 调用 input_data 函数。

☆ 接受用户输入姓名，调用 query 函数执行查询。

4. 程序实现

```
#include <stdio.h>
```

```
#include <string. h>
#include <stdlib. h>
#define NUM 5
typedef struct            /*学生成绩结构体*/
{
    float math;
    float english;
    float chinese;
}Score;
typedef struct            /*学生信息结构体*/
{
    char sno[10];
    char name[16];
    char sex[6];
    char cname[20];
    Score sc;
}Student;
Student st[NUM];
int input_data(int n)            /*存入指定人数的学生信息到数组*/
{
    int i;
    float chengji;
    printf("\n 输入学生信息\n");
    for(i=0;i<n;i++)            /*录入学生数据*/
    {
        printf("\n 第 %d 个学生信息\n",i+1);
        printf("学号:");
        scanf("%s",st[i]. sno);
        printf("姓名:");
        scanf("%s",st[i]. name);
        printf("性别:");
        scanf("%s",st[i]. sex);
        printf("班级名:");
        scanf("%s",st[i]. cname);
        printf("\n 输入成绩:\n");            /*录入学生成绩信息*/
        printf("数学:");
        scanf("%f",&chengji);
        st[i]. sc. math=chengji;
        printf("英语:");
```

```
            scanf("%f",&chengji);
            st[i]. sc. english=chengji;
            printf("语文：");
            scanf("%f",&chengji);
            st[i]. sc. chinese=chengji;
        }
        printf("\n 数据输入结束！\n");
}
int query(char sname[],int n)
/* 在 n 个学生数组中查询指定姓名的学生信息并显示 */
{
        int i=0;
        while (i<n && strcmp(st[i]. name,sname)! =0)
        /* 遍历学生数组查找学生 */
            i++;
        if (i==n)           /* 如果没有找到学生,此时循环结束,因此 i==n */
            printf("\n 学生没有找到\n");
        else           /* 输出查询到的学生信息 */
        {
            printf("\t 学号\t 姓名\t\t 性别\t 班级名\t   数学\t 英语\t 语文\n");
            printf("\t%s\t%-10s\t%s\t%-10s%5. 1f\t%5. 1f\t%5. 1f\n",
            st[i]. sno,st[i]. name,st[i]. sex,st[i]. cname,
            st[i]. sc. math,st[i]. sc. english,st[i]. sc. chinese);
        }
}
int main()
{
        int n;
        char name[10];
        printf("请输入学生人数(<%d)",NUM);
        scanf("%d",&n);        /* 输入学生人数 */
        input_data(n);        /* 调用函数录入学生信息 */
        printf("\n 请输入要查询的学生姓名:\n");
        scanf("%s",name);        /* 输入要查询的学生姓名 */
        query(name,n);        /* 查询学生信息 */
}
```

5. 程序运行

请输入学生人数(<5)2

输入学生信息

第 1 个学生信息
学号:110101
姓名:李少白
性别:男
班级名:11 网络

输入成绩:
数学:66
英语:77
语文:88

第 2 个学生信息
学号:110102
姓名:郭靖
性别:男
班级名:11 网络

输入成绩:
数学:78
英语:89
语文:86

数据输入结束!

请输入要查询的学生姓名:
郭靖

学号	姓名	性别	班级名	数学	英语	语文
110102	郭靖	男	11 网络	78.0	89.0	86.0

6. 程序说明
① 查找学生的操作是用下面的循环实现的:
```
while (i<n && strcmp(st[i]. name,sname)! =0)
    i++;
```
strcmp 是字符串比较函数,如果两个字符串相等,则返回整数 0。
如果数组中不存在要查询的学生记录,则循环结束时,i 的数值等于 n。
② 因为输出学生信息的语句较长,所以使用了多行来书写。

本 章 小 结

下面对本章的内容进行小结,以方便读者更好地了解和掌握结构体的相关知识。

1. 结构体类型是一种用户自定义数据类型。它将多个数据项集中到一个数据类型中,每个数据项被称为数据成员,它们可以是不同的数据类型,既可以是基本数据类型,也可以是另一种构造数据类型。结构体数据类型的一般定义如下:

```
struct 结构体名
{
成员列表;
};
```

2. 结构体变量不能作为一个整体使用,使用时只能使用其中的成员,使用方式有以下几种:

(1) 结构体变量名. 成员名。

(2) 结构体指针变量名→成员名。

(3) (* 结构体指针变量名). 成员名。

3. 结构体数组的每个元素都是具有相同结构类型的下标结构体变量。在实际应用中,经常用结构体数组来表示具有相同数据结构的一类数据。它的初始化方式如下:

```
struct 结构体类型名
{
    成员定义列表;
}结构体数组名＝{ {…},{…},…};
```

4. 链表是一种重要的动态数据结构,在实际程序开发中应用非常广泛。在结构上,链表是以"结点"为存储单位链接而成的数据结构。

链表中结点的一般结构如下:

```
struct 链表结点名
{
    数据成员列表;
    struct 链表结点名  * next(后继指针);
}
```

5. 所谓共用体,指的就是多个变量共享一段存储单元的一种结构。共用体使用的主要目的是节省内存单元。在一个 C 程序中,如果若干个变量不被同时使用,就可以将这些变量定义到一个共用体内,从而达到节省内存空间的目的。

共用体类型定义的一般格式如下:

```
union 共用体类型名
{
成员列表;
};
```

习　题

一、填空题

1. 下面程序运行的结果是_____。

```
#include <stdio.h>
struct worker
{
    long int num;
    char name[20];
    char sex;
    int age;
}li={111010,"LiMing",'M',20};
int main()
{
    printf("No:%ld name:%s sex:%c age:%d\n",li.num,li.name,li.sex,li.
        age);
}
```

2. 下面程序运行的结果是_____。

```
#include <stdio.h>
struct
    {int x;
    char * y;
}table[4]={{10,"ab"},{20,"ch"},{30,"de"},{40,"gl"}}, * p=table;
int main()
    {printf("%d",( * p++).x);      /*  ( * p).x; p++  */
    printf("%c", * p->y);          /*  * (p->y)  */
    printf("%c\n", * ++p->y);   /*  * (++(p->y))  */
}
```

3. 若有如下结构体说明：

```
struct  STRU
{int a,b; char c; double d;
struct  STRU * p1, * p2;
};
```

请填空,以完成对 t 数组的定义,t 数组的每个元素为该结构体类型。

　　　　　　　t[20];

4. 程序填空

```
union data
    { int i[2];
```

```
        float a;
        long b;
        char c[4];
    }
int main()
{_____
        scanf("%d,%d",&u.i[0],&u.i[1]);
        printf("i[0]=%d,i[1]=%d\n",u.i[0],u.i[1]);
        scanf("%f",&u.a);
        printf("a=%f\n",u.a);
        scanf("%ld",&u.b);
        printf("b=%ld\n",u.b);

_____
        printf("c[0]=%c,c[1]=%c,c[2]=%c,c[3]=%c\n",u.c[0],u.c[1],
            u.c[2],u.c[3]);
}
```

5. 下面程序运行的结果是_____。

```
#include <stdio.h>
int main()
{
        enum weekday {sun=7,mon=1,tue,wed,thu,fri,sat}day;
        day=thu;
        printf("%d",day);
}
```

6. 程序填空

```
#include <stdio.h>
int main()
{
        typedef char XM[20];
        XM name="ZhangYang";
        printf("%s",_____);
}
```

二、编程题

1. 有 10 个学生，每个学生的数据包括学号、姓名、3 门课的成绩。从键盘输入 10 个学生的数据，要求打印出 3 门课的总平均成绩以及最高分的学生数据（包括学号、姓名、3门课程、平均分数）。

2. 建立一个链表，每个学生结点包括：学号、姓名、年龄，输入一个年龄，如果链表中的结点所包含的年龄等于此年龄，将此结点删去。

第11章 文件操作

【内容简介】

如果要想持久保存程序处理后的结果数据，就必须将其存储到磁盘上。存储在磁盘等外部介质上的相关数据的集合，被称为文件。文件是程序设计中的重要概念，是C语言项目开发的重要内容。本章将介绍文件的基本概念、基本操作步骤以及文件的具体操作方法。

【学习要求】

通过本章的学习，要求理解文件的概念，掌握文件的打开、关闭和读写方法，学会利用文件存储应用程序处理结果的基本方法。

11.1 文 件 概 述

11.1.1 理解文件的概念

在此之前，我们设计的程序的处理结果都是在程序运行结束之后就消失，若再需要同样的处理结果，必须重新运行程序并输入数据，如果有大量的输入数据的话，就需要重复操作，是相当繁琐和费时的。如果将程序处理结果持久存储起来，需要的时候，打开并进行相应操作，这样就省时、便捷了，因此计算机系统提供了叫做"文件"的数据结构来帮助我们解决这个问题。

其实，我们在以前各章中所用到的输入和输出，就用到了"文件"的概念。我们从键盘输入数据，把运行结果输出到显示器上。从操作系统的角度看，每一个与主机相连的输入、输出设备都可看作一个文件。例如键盘是输入文件，显示器是输出文件。

计算机作为一种先进的数据处理工具，它所面对的数据信息量十分庞大。仅依赖于键盘输入和显示输出等方式是完全不够的，通常，解决的办法就是将这些数据记录在某些介质上，如硬盘、光盘和U盘，利用这些存储介质的特性，可以携带数据或长久地保存数据。这种记录在外部存储介质上的数据的集合称为"文件"。

11.1.2 文件的分类

C语言中数据文件保存在外部存储介质上有两种形式：ASCII码文件和二进制文件。

1. ASCII 码文件

ASCII码文件，也称为文本文件。文件由一个个字符首尾相接而成，其中每个字符占1字节，存放的是字符的ASCII码。例如：int类型的整数1234，在内存中占2字节，当把它以字符代码的形式存储到文件中时，系统将它转换成1、2、3、4四个字符的ASCII码并把这些代码依次存入文件，在文件中占 4 字节。

文本文件的优点是可以直接阅读，而且 ASCII 代码标准统一，使文件易于移植。其缺点是输入、输出都要进行转换，效率低。

2. 二进制文件

二进制文件用二进制数代表数据，其中的数据是按其在内存中的存储形式存放的。当数据以二进制形式输出到文件中时，数据不经过任何转换。例如：int 型数据 1234 在内存中占 2 字节，当它以二进制形式存储到文件中时，也是占 2 字节，而且不需要转换。

二进制文件的优点是存取效率高。缺点是二进制文件只能供机器阅读，人工无法阅读，也不能打印。而且，由于不同的计算机系统对数据的二进制表示也各有差异，因此，可移植性差。

无论是文本文件还是二进制文件，C 语言都将其看作是一个数据流，即文件是由一连串连续的、无间隔的字符数据组成，处理数据时不考虑文件的性质、类型和格式，只是以字节为单位进行存取。

11.1.3 文件的存取方式

对文件的输入、输出方式也称"存取方式"。C 语言中，有两种对文件的存取方式：顺序存取和随机存取。

1. 顺序存取

顺序存取无论对文件进行读或写操作，总是从文件的开头开始，依先后次序存取文件中的数据。例如：在流式文件中，存取完第一字节，才能存取第二字节；存取完第 n−1 字节，才能存取第 n 字节。

2. 随机存取

随机存取也称直接存取，可以直接存取文件中指定的数据。例如：在流式文件中，可以直接存取指定的第 i 个字节（或字符），而不管第 i−1 字节是否已经存取。在 C 语言中，可以通过调用库函数去指定开始读写的字节号，然后直接对此位置上的数据进行读写操作。

11.2 文件的打开和关闭

11.2.1 文件指针

在对文件进行存取的时候，系统将为输入和输出文件在内存中开辟一片存储区，称为"缓冲区"。当对某文件进行输出时，系统首先把输出的数据填入到为该文件开辟的缓冲区内，每当缓冲区中被填满时，就把缓冲区中的内容一次性地输出到对应文件中。当从某文件输入数据时，首先将从输入文件中输入一批数据放入到该文件的内存缓冲区中，输入语句将从该缓冲区中依次读取数据，当该缓冲区中的数据被读完时，将再从输入文件中输入一批数据放入缓冲区。

对于缓冲文件系统,一个关键的概念就是"文件指针"。文件指针就是一个描述文件状态、文件缓冲区大小、缓冲区填充程度等信息的一个结构体变量。文件指针结构体类型是由系统定义的,取名为 FILE,其详细的类型声明如下:

```
typedef    struct
{      short level;                  /* 缓冲区填充程度 */
       unsigned flags;              /* 文件状态标志    */
       char fd;                     /* 文件描述    */
       unsigned char hold;          /* 如无缓冲区不读取字符 */
       short bsize;                 /* 缓冲区大小    */
       unsigned char * buffer;        /* 缓冲区传输数据 */
       unsigned char * curp;          /* 指针当前位置 */
       unsigned istemp;               /* 临时文件标识 */
       short token;                   /* 有效性检查 */
} FILE;
```

有了文件指针类型就可以定义指向文件的变量和指针。例如:

FILE * fp;

fp 就是一个指向 FILE 类型结构体的指针变量。可以使 fp 指向某个文件的结构体变量,从而通过该结构体变量中的文件信息访问文件。

11.2.2　文件操作的基本步骤

C 语言操作文件主要有三个步骤:打开文件,读写文件,关闭文件。

1. 打开文件

用标准库函数 fopen()打开文件,它通知编译系统三个信息:需要打开的文件名;使用文件的方式(读还是写等);使用的文件指针。

2. 读写文件

用文件输入、输出函数对文件进行读写,这些输入输出函数与前面介绍的标准输入输出函数在功能上有相似之处,但使用上又不尽相同。

3. 关闭文件

文件读写完毕,用标准函数 fclose()将文件关闭。它的功能是把数据真正写入磁盘(否则数据可能还在缓冲区中),切断文件指针与文件名之间的联系,释放文件指针。如不关闭则多半会丢失数据。

C 语言规定了标准输入输出函数库,有关文件操作的基本函数都包含在这个库中。在 Turbo C、VC++、DEV C++等的编程环境中,这些函数就在 stdio. h 中

11.2.3　文件的打开

打开文件是操作文件的第一步骤,如果不能正确打开一个指定文件,读写文件就无从谈起。C语言中提供了 fopen()函数,用于打开一个文件,其格式如下:

FILE ＊ fp；

fp＝fopen("文件名","文件使用方式")；

格式说明:

① "文件名"是指要打开(或创建)的文件名。如果使用字符数组(或字符指针),则不使用双引号。

② "文件使用方式"是指文件的使用类型和操作要求。

文件的使用方式共有 12 种,表 11-1 给出了文本文件使用方式的符号和意义;表 11-2给出了二进制文件的使用方式的符号和意义。

表 11-1　文本文件的使用方式符号及意义

文件使用方式	含义
"r"	打开一个已有的文本文件,只允许读取数据
"w"	打开或建立一个文本文件,只允许写入数据
"a"	打开一个已有的文本文件,并在文件末尾写数据
"r＋"	打开一个已有的文本文件,允许读和写
"a＋"	打开一个已有的文本文件,允许读或在文件末追加数据
"w＋"	打开或建立一个文本文件,允许读写

表 11-2　二进制文件的使用方式符号及意义

文件使用方式	代表的含义
"rb"	打开一个已存在的二进制文件,只允许读数据
"wb"	打开或建立一个二进制文件,只允许写数据
"ab"	打开一个二进制文件,并在文件末尾追加数据
"rb＋"	打开一个二进制文件,允许读和写
"wb＋"	打开或建立一个二进制文件,允许读和写
"ab＋"	打开一个二进制文件,允许读或在文件末追加数据

③ 如果不能实现打开指定文件的操作,则 fopen()函数返回一个空指针 NULL(其值在头文件 stdio. h 中被定义为 0)。

为增强程序的可靠性,常用下面的方法打开一个文件。

```
if((fp＝fopen("文件名","操作方式"))＝ ＝NULL)
{
        printf("can not open this file\n");
```

```
        exit(0);
    }
```

即首先检查打开的操作是否有错,如果有错就在终端上输出上面的错误信息。exit 函数的作用是关闭所有文件,终止正在调用的过程,待用户检查出错误,修改后再运行。

④ 程序中凡是用"r"打开一个文件时,表明该文件必须存在,且只能从该文件读取数据。

⑤ 用"w"打开的文件只能向该文件写入数据。若打开的文件不存在,则按照指定的文件名建立该文件,如打开的文件已经存在,则将该文件删除,重新建立一个新文件。

⑥ 如果要向一个已经存在的文件后面追加新的数据,则应该用"a"方式打开文件,但此时要保证该文件是已经存在的,否则将会出错。

11.2.4 文件的关闭

当文件的读写完成之后,必须将它关闭,否则容易发生数据的丢失。关闭文件可调用库函数 fclose 来实现,其调用格式如下:

fclose(文件指针);

格式说明:

① 若 fp 是指向文件 file1 的文件指针,当执行了 fclose(fp)后,若对文件 file1 的操作方式为"读"方式,以上函数调用之后,是文件 fp 与文件 file1 脱离联系,可以重新分配文件指针 fp 去指向其他文件。若对文件 file1 的操作方式为"写"方式,则系统首先把该文件缓冲区中的其余数据全部输出到文件中,然后使文件指针 fp 与文件 file1 脱离联系。由此可见,在完成了对文件的操作之后,应当关闭文件,否则文件缓冲区中的剩余数据就会丢失。

② 当成功地执行了关闭操作,函数返回 0,否则返回非 0。

【例 11.1】对文件"test.txt"执行打开和关闭操作,并给出必要的提示。

问题分析:

解决这个问题,应该先打开文件,然后关闭文件,并在打开和关闭时给以必要的提示。

程序代码:

```
#include ⟨stdio.h⟩
#include ⟨stdlib.h⟩
int main()
{
    FILE * fp;             /*定义一个文件指针*/
    int flag;
    fp=fopen("test.txt", "rb");           /*以只读方式打开 test.txt*/
    if(fp==NULL)           /*判断文件是否打开成功*/
    {
        printf("对不起,文件打开错误\n");             /*提示打开不成功*/
```

```
        exit(0);
    }
    flag＝fclose(fp);                    /＊关闭打开的文件＊/
    if(flag＝＝0)
        printf("文件关闭成功\n");          /＊提示关闭成功＊/
    else
        printf("文件关闭错误\n");          /＊提示关闭不成功＊/
}
```

运行结果：

如果成功将文件打开，则屏幕显示如下：

文件关闭成功

否则屏幕显示：

对不起，文件打开错误

如果文件关闭错误，则屏幕显示：

文件关闭错误

程序说明：

① 文件打开方式"r"，表示以只读的方式打开文本文件。

② 文件执行后，如当前文件夹下不存在 test. txt 文件，则文件打开失败。

11.3　文件的读写操作

文件打开之后的主要操作就是从文件中读取数据进行处理，然后把处理后的结果存入到文件中，这就是文件的读写操作。本节将主要介绍这方面的内容。

11.3.1　文件的字符读写操作

字符读写操作是文本文件的常用操作。C 语言提供了 fgetc 函数和 fputc 函数来实现对文件的字符读写功能。

1. fgetc 函数——读字符函数

fgetc 函数用来从指定的文件读入一个字符，该文件必须是以读或写方式打开的。fgetc 函数具体的调用格式如下：

ch＝fgetc(fp);

格式说明：

① 其中 fp 为文件类型指针，ch 为字符变量。fgetc 函数返回的字符赋给字符变量 ch。

② 如果在执行 fgetc 函数读字符时遇到文件结束符，则该函数返回一个结束标志 EOF(－1)。

③ 如果想从磁盘文件顺序读入字符并在屏幕上显示出来，可以用以下的程序段：

ch＝fgetc(fp);

```
while(ch! =EOF)
{
    putchar(ch);
    ch=fgetc(fp);
}
```

在文件内部有一个位置指针,用来指向文件的当前读写字节。在文件打开时,该指针总是指向文件的第一个字节。使用 fgetc 函数后,该位置指针将向后移动一个字节。因此可连续多次使用 fgetc 函数,读取多个字符。应注意文件指针和文件内部的位置指针不是一回事。文件指针是指向整个文件的,须在程序中定义说明,只要不重新赋值,文件指针的值是不变的。文件内部的位置指针用以指示文件内部的当前读写位置,每读写一次,该指针均向后移动,它不需在程序中定义说明,而是由系统自动设置的。

【例 11.2】顺序显示磁盘上的一个文本文件。

问题分析:

根据 fgetc 函数的格式说明③,我们可以编写一个循环程序来读取文件的内容,直到遇到文件结束符为止。

程序代码:

```
#include <stdio. h>
#include <stdlib. h>
int main()
{
    FILE  * fp;
    char c;
    if((fp=fopen("test. txt","r"))==NULL)
    {
        printf("\n 文件打开错误,请按任意键退出!");
        getchar();  /* 从键盘上任意输入一字符,结束程序 */
        exit(1);
    }
    printf("文件数据如下:\n");
    c=fgetc(fp);     /* 从文件中逐个读取字符 */
    while(c! =EOF)
    {
        putchar(c);
        c=fgetc(fp);
    }     /* 只要读出的字符没有到文件尾就把该字符显示在屏幕上 */
    fclose(fp);
}
```

运行结果:

文件数据如下:

欢迎使用 C 语言！

程序说明：

① 为确保程序正确运行，程序运行之前，要在项目文件夹下事先建立一个文本文件，如本例中的 test. txt，文件内容为"欢迎使用 C 语言！"。

② 文件先以读方式打开，如果打开失败，则提示错误，并退出程序。

③ 文件打开无误，则利用循环读取文件内容，直至文件结束。

④ EOF 是文件结束标志，其值为－1，不是可输出字符，适合判断文本文件的结束。

对于二进制文件，应该用 feof 函数来判断文件的结束，其一般格式如下：

feof(fp)；

其中 fp 是指向文件的指针。如果文件结束，函数 feof(fp) 为 1；否则为 0。feof 函数既适用于文本文件也适用二进制文件。

如果想顺序读入一个二进制文件中的数据，可以用：

```
while(! (feof(fp))
{
    n=fgetc(fp);
    ...
}
```

当未遇到文件结束，feof(fp) 的值为 0，! feof(fp) 的值为 1，读入一个字节的数据赋给整型变量 n，并对其进行必要的处理。直到遇到文件结束，feof(fp) 的值为 1，! feof(fp) 的值为 0，循环结束。

2. fputc 函数——字符写函数

fputc 函数用来将一个字符写入指定的文件中，该函数的调用格式为：

fputc(ch,fp)；

格式说明：

① 其中 ch 可以是一个字符常量，也可以是一个字符变量。fp 是文件指针变量。

② 该函数的作用是将字符(ch 的值)输出到 fp 所指定的文件中去。

③ fputc 函数也返回一个值，如果输出成功则返回值就是输出的字符，如果输出失败，则返回 EOF(－1)。

【例 11. 3】先显示文件 test. txt 的内容，然后从键盘上输入任意一个字符追加到文件中，最后显示文件的所有内容到屏幕上。

问题分析：

实例要求两次显示文件的内容，因此可以编写一个函数实现文件数据的输出，针对数据追加，也可以编写一个函数实现这个功能。

程序代码：

```
#include <stdio. h>
#include <stdlib. h>
int append(char filename[])      /*追加函数*/
{
    FILE * fp;
```

```
        char ch;
        if((fp=fopen(filename,"a"))==NULL)      /* 以追加的方式打开文件 */
        {
            printf("\n 打开文件失败! \n");
            exit(0);
        }
        printf("\n 请输入一个字符:\n");
        ch=getchar();        /* 从键盘读字符 */
        fputc(ch,fp);        /* 向文件中写字符 */
        fclose(fp);
}
void display(char filename[])        /* 显示文件内容函数 */
{
        FILE * fp;
        char ch;
        if((fp=fopen(filename,"r"))==NULL)      /* 读文件 */
        {
            printf("\n 显示时,打开文件失败! \n");
            exit(0);
        }
        ch=fgetc(fp);        /* 从文件中逐个读取字符 */
        while(ch! =EOF)
        {
            putchar(ch);
            ch=fgetc(fp);
        }
        fclose(fp);
}
int main()
{
        char fname[]={"test. txt"};        /* 指定文件位置 */
        printf("\n 原始文件如下:\n");
        display(fname);
        append(fname);
        printf("\n 添加后的文件如下:\n");
        display(fname);
}
```

运行结果:

原始文件如下:

欢迎使用 C 语言！

请输入一个字符：

@

添加后的文件如下：

欢迎使用 C 语言！@

程序说明：

① 函数 append 的功能是以追加方式打开文件并将从键盘输入的字符追加到文件中。

② 函数 display 的功能以只读方式打开文件，按字符读取文件的内容全部并显示到屏幕上。

11.3.2　文件的块读写函数——fread 函数和 fwrite 函数

用 getc 函数和 putc 函数可以用来读写文件中的一个字符，如果要读写一组数据就必须编写一个循环语句段。使用 C 语言提供的 fread 函数和 fwrite 函数就可以实现读取数据块的功能，它的一般调用格式如下：

fread(void * buffer,int size,int count,FILE * fp);

fwrite(void * buffer,int size,int count,FILE * fp);

格式说明：

① buffer 是一个字符型指针，表示存放读写数据的变量地址或数组首地址。

② size 是要读写的数据块的大小。

③ count 表示要读取 size 字节数据块的个数。

③ fp 是文件类型指针。

如果文件以二进制形式打开，用 fread 函数和 fwrite 函数就可以读写任意类型的信息，例如：

fread(a,4,8,fp);

上述语句的含义是从 fp 所指的文件中，每次读 4 字节，也就是把一个实数送入实数组 a 中，连续读 8 次，即读入 8 个实数并送到数组 a 中。

【例 11.4】从键盘读取数据，向文件"cylinder. txt"中写入圆柱的底面半径和高，然后用 fread 函数从文件中读取半径和高，计算体积并显示。

问题分析：

根据问题的描述，我们可以将底面半径和高视为浮点型数据，由 fread 函数和 fwrite 函数的格式，可以定义两个变量，用于表示底面半径和高。

程序代码：

```
/* ex9_4. C:将半径和高存入文件,然后再读取出来,计算体积 */
#include <stdio. h>
#include <stdlib. h>
int input_data()        /* 接收键盘输入数据并存入文件中 */
{
```

```
    FILE  * fp；
    float r,h；
    if((fp=fopen("cylinder. txt","wb"))===NULL)
    {
        printf("\n 打开文件失败! \n");
        exit(0);
    }
    printf("请输入半径和高:\n");
    scanf("%f,%f",&r,&h);
    fwrite(&r,sizeof(r),1,fp);      /* 写入半径 */
    fwrite(&h,sizeof(h),1,fp);      /* 写入高 */
    fclose(fp);
}
float volume()      /* 从文件中读取半径和高,并计算体积 */
{
    FILE  * fp；
    float r,h；
    fp=fopen("cylinder. txt ", "rb");
    fread(&r,sizeof(r),1,fp);      /* 读取半径 */
    fread(&h,sizeof(h),1,fp);      /* 读取高 */
    fclose(fp);
    return 3. 14 * r * r * h；
}
int main()
{
    input_data();
    printf("体积为:%6.1f\n",volume());
}
```

运行结果:

请输入半径和高:

5,10

体积为: 785.0

程序说明:

① input_data 函数以二进制写入的方式打开文件,"fwrite(&r,sizeof(r),1,fp);"中的 &r 得到变量 r 的地址;函数 sizeof 获得一个变量所占内存空间的大小,因此 sizeof(r) 得到变量 r 所占内存的大小(4 字节);fp 是文件指针,"fwrite(&r,sizeof(r),1,fp);"向 fp 所指向的文件写入一个 4 字节的字符块,即变量 r 的值。

② volume 函数以二进制只读的方式打开文件,"fread(&h,sizeof(h),1,fp);"表示从 fp 所指向的文件中,读出 1 个 sizeof(h)大小的数据,存入变量 h 中。

11.3.3　文件的字符串读写函数——fgets 函数和 fputs 函数

1. fgets 函数

fgets 函数的功能是从指定的文件中读一个字符串到字符数组中,其调用的一般形式为:

fgets(str,n,fp);

格式说明:

① 参数 str 是字符数组名,用于接收从文件读取的字符串。

② n 表示从文件接收的字符个数,但是只从 fp 指向的文件输入 n−1 个字符,然后再最后加一个"\0"字符,因此得到的字符串共有 n 个字符。

③ 如果在读 n−1 个字符之前遇到换行符或 EOF,读入工作即结束。

例如:"fgets(ch,50,fp);"表示从 fp 所指的文件中读出 49 个字符送入字符数组 ch 中。

2. fputs 函数

fputs 函数的功能是向指定的文件写入一个字符串,其调用形式为:

fputs(str,fp);

格式说明:

字符串 str 可以是字符串常量,也可以是字符数组名,或指针变量。

例如:"fputs("Human",fp);"语句的含义是把字符串"Human"写入 fp 所指的文件之中。

【例 11.5】新建一个文本文件 a. txt,将字符串"欢迎您!!!"写入文件中,再读出文件中前 7 个字符,显示在屏幕上。

问题分析:

根据问题要求,我们可以先以写的方式打开文件,写入数据;然后再用读方式打开,用 fgets 函数获得前 7 个字符并显示。

程序代码:

```c
#include <stdio.h>
#include <stdlib.h>
int main()
{
    FILE * fp;
    float r,h;
    char a[10];
    if((fp=fopen("a. txt","w"))==NULL)      /* 写方式打开文件 */
    {
        printf("\n 文件打开失败! \n");
        exit(0);
    }
```

```
    fputs("欢迎您!!!",fp);      /*向文件写入字符串*/
    fclose(fp);
    fp=fopen("a.txt","r");      /*读方式打开文件*/
    fgets(a,8,fp);      /*读取前7个字符*/
    printf("%s\n",a);
    fclose(fp);
}
```

运行结果：

欢迎您!!!

程序说明：

① 在定义数组 a 的时候,要注意它的元素个数一定要大于 7,因为要给"\0"留出空间。

② 在 C 语言程序中,汉字字符占有两个字节的存储空间(相当于两个英文字符)。

11.3.4　其他文件读写函数

1. fprintf 函数和 fscanf 函数

fprintf 函数和 fscanf 函数与 printf 函数和 scanf 类似,都是格式化读写函数。不同的是 fprintf 函数和 fscanf 函数的读写对象不是终端而是磁盘文件。它们的调用格式为：

fprintf(文件指针,格式字符串,输出列表);

fscanf(文件指针,格式字符串,输入列表);

格式说明：

① 格式字符串的内容与 printf 函数和 scanf 函数相同。

② 输出和输入列表是要输出和输入的变量或表达式序列。

③ 这两个函数的功能就是按照格式字符串规定的格式,将输出、输入列表中的内容输出、输入到文件指针所指向的文件中去。

例如："fprintf(fp,"%d,%6.1f",n,r);"语句的功能就是将变量 n、r 的值按照"%d,%6.1f"的格式输出到 fp 所指向的文件上。

同样,用以下语句可以从 fp 所指向的磁盘文件上读取 ASCII 字符。

fscanf(fp,"%d,% f",n,r);

如果磁盘文件上有以下字符：

10,5.5

则将磁盘文件上的数据 10 送变量 n,将数据 5.5 送变量 r。

11.3.5　随机文件的读写

前几小节介绍的内容都是关于顺序文件的读写方法,即读取文件必须从文件的开头顺序读写。要想从文件的任意位置读取数据,上面的一些函数就无能为力了,因此,C 语言提供了随机读写函数,帮助我们从文件的任意位置读取数据。

　　文件中有一个位置指针，指向当前读写的位置。如果顺序读写一个文件，每次读写一个字符，则读写完一个字符后，该位置的指针自动移到下一个字符位置。如果想从文件的某个位置读取数据，必须使用随机读写函数强制将位置指针指向某个指定的位置。

1. 文件头定位函数——rewind 函数

　　C 提供的文件头定位函数 rewind 可以将文件指针重新指定到文件头。该函数的调用格式为：

rewind(文件指针);

格式说明：

　　该函数的功能是把文件内部的位置指针移到文件开头，如果定位成功，返回 0；否则，返回非 0。

2. 随机定位函数——fseek 函数

　　所谓随机读写，是指读完上一个字符（字节）后，并不一定要读写其后续的字符（字节），而可以读写文件中任意所需的字符（字节）。要想实现随机读写，必须首先实现位置指针的随机定位，C 语言中的 fseek 函数可以实现这个功能。fseek 函数的格式如下：

fseek(文件指针,位移量,起始点);

格式说明：

　　① "文件指针"指向被移动的文件。"位移量"表示移动的字节数，要求位移量是 long 型数据，以便在文件长度大于 64 KB 时不会出错。当用常量表示位移量时，要求加后缀"L"。

　　② "起始点"表示从何处开始计算位移量，C 语言规定的起始点有三种：文件首、当前位置和文件尾，表示方法可以用表 11-3 来说明。

表 11-3　文件定位起始点符号表示

起始点	表示符号	数字表示
文件首	SEEK_SET	0
当前位置	SEEK_CUR	1
文件末尾	SEEK_END	2

　　例如：fseek(fp,200L,0);

　　语句的功能是把位置指针移到离文件首 200 字节处。根据表 11-3，这条语句也可写成：fseek(fp,200L,SEEK_SET);。

　　该语句用符号常量代替了数值 0，其效果是相同的。

3. ftell 函数

　　由于文件中的位置指针经常移动，人们往往不容易知道它的当前位置，C 语言中的 ftell 函数可以得到当前位置，其格式如下：

ftell(fp);

格式说明：

　　① 该函数的功能是得到位置指针在文件中的当前位置。

　　② 该函数的返回值为长整型数，表示相对于文件头的字节数，出错时返回−1L。

例如：

long i;

if((i=ftell(fp))==−1L)

    printf("A file error has occurred at %ld. \n",i);

上述程序段中的变量 i 存放的就是当前位置,如调用函数出错,可以通知用户出现了文件错误。

11.3.6　出错检测

当对文件进行输入、输出的时候,可能会发生错误,C 语言提供了一些函数来检测输入、输出函数调用中的错误。

1. ferror 函数

该函数的调用格式如下：

    ferror(文件指针);

格式说明：

该函数检查文件在用各种输入输出函数进行读写时是否出错。如 ferror 返回值为 0 表示未出错,否则表示有错。

2. clearerr 函数

该函数的调用格式如下：

    clearerr(文件指针);

格式说明：

该函数用于清除出错标志和文件结束标志,使它们为 0 值。

11.4　程 序 举 例

1. 程序描述

学生数据主要包括学号、姓名、性别、班级名称和 3 门功课的成绩。要求编写程序实现：创建一个文件 student. dat,录入若干名学生信息存入到文件中;从文件中读取学生信息显示在屏幕上。

2. 程序分析

(1) 功能分析。根据问题描述,该程序要实现两个功能：数据文件的创建和数据录入;数据的读取和显示。为此,可以编写两个函数来实现这两个功能。

(2) 数据分析。根据问题描述,学生数据包括学号、姓名、性别、班级名称和 3 门功课的成绩,为此可以建立两个结构体类型用于表示学生基本信息和成绩信息。

学生成绩信息结构体如下：

```
typedef struct            /*学生成绩结构体*/
{
     float math;          /*数学成绩*/
     float english;       /*英语成绩*/
     float chinese;       /*语文成绩*/
}Score;
```

学生基本信息结构体如下:

```
typedef struct            /*学生信息结构体*/
{
     char sno[8];         /*学号*/
     char name[20];       /*姓名*/
     char sex[6];         /*性别*/
     char cname[20];      /*班级名称*/
     Score sc;            /*成绩*/
}Student;
```

3. 程序设计

(1) 自定义函数的确定。根据系统的功能分析,应该编写两个函数,分别实现数据录入功能和数据显示功能。另外,为了便于操作,还应该编写一个用于显示菜单的函数,供用户选择不同的功能。

(2) 各个函数的功能及设计思想。

① 数据录入功能函数。

函数名:input_data

函数功能:创建数据文件,从键盘录入数据并存入数据文件

输入参数:无

返回值:无

基本设计思想:

☆ 定义有关变量。

☆ 以二进制写的方式打开文件。

☆ 确定输入的学生人数。

☆ 从键盘输入数据到结构体数组。

☆ 将结构体数组中的数据写入文件。

☆ 关闭文件。

② 数据显示功能函数。

函数名:output

函数功能:打开文件,读取数据并显示到屏幕上

输入参数:无

返回值:无

基本设计思想:

☆　定义有关变量。

☆　以二进制读的方式打开文件。

☆　从文件头开始利用循环语句读取数据并显示在屏幕上。

☆　关闭文件。

③ 显示菜单函数。

函数名:showmenu

函数功能:显示菜单,接受用户选择的项目序号

输入参数:无

返回值:用户选择的项目序号(整型)

基本设计思想:

☆　定义变量。

☆　显示菜单。

☆　接受用户的选择。

☆　返回用户选择的序号。

④ 主函数。

函数名:main

函数功能:提供选项菜单,根据用户选择执行不同功能

输入参数:无

返回值:无

基本设计思想:

☆　调用 showmenu 函数。

☆　根据 showmenu 函数返回值来确定执行哪一个功能:

选择 1:执行 input_data 函数;选择 2:执行 output 函数;选择 0:退出程序。

程序代码:

```c
/* 读取文件中的学生数据并显示 */
#include <stdio.h>
#include <stdlib.h>
#define NUM 5
typedef struct       /* 学生成绩结构体 */
{
    float math;
    float english;
    float chinese;
}Score;
typedef struct       /* 学生信息结构体 */
{
    char sno[8];
```

```
        char name[20];
        char sex[6];
        char cname[20];
        Score sc;
    }Student;

int input_data()        /* 创建学生数据文件并录入数据 */
{
    FILE *fp;
    Student st[NUM];
    int n;
    int i;
    float chengji;
    system("cls");        /* 清屏 */
    if((fp=fopen("student. dat","wb"))==NULL)/* 二进制写方式打开文件 */
    {
        printf("\n 文件打开失败,请按任意键返回! \n");
        return;
    }
    printf("请输入学生人数:(<%d)",NUM);
    scanf("%d",&n);
    printf("\n 输入学生信息\n");
    for(i=0;i<n;i++)        /* 录入学生数据 */
    {
        printf("\n 第 %d 个学生数据\n",i+1);
        printf("学号:");
        scanf("%s",st[i]. sno);
        printf("姓名:");
        scanf("%s",st[i]. name);
        printf("性别:");
        scanf("%s",st[i]. sex);
        printf("班级名:");
        scanf("%s",st[i]. cname);
        printf("\n 输入成绩:\n");        /* 录入学生成绩信息 */
        printf("数学:");
        scanf("%f",&chengji);
        st[i]. sc. math=chengji;
        printf("英语:");
        scanf("%f",&chengji);
```

```
            st[i]. sc. english=chengji;
            printf("语文:");
            scanf("%f",&chengji);
            st[i]. sc. chinese=chengji;
        }
        fwrite(st,sizeof(Student),n,fp);      /* 数据存入文件 */
        fclose(fp);
        printf("请按任意键,返回主菜单! \n");
        system("pause");      /* 等待按键,返回主菜单 */
}
int output()      /* 读取文件中的学生信息并显示 */
{
    FILE * fp;
    Student st;
    if((fp=fopen("student. dat","rb"))==NULL)
    {
        printf("\n 文件打开失败,请按任意键返回! \n");
        return;
    }
    system("cls");
    printf("\t 学号\t 姓名\t 性别\t 班级名\t 数学\t 英语\t 语文\n");
    fread(&st,sizeof(Student),1,fp);
    while(! feof(fp))      /* 读取文件并显示数据到屏幕 */
    {

        printf ("\t%s\t%-10s%s\t%-7s%5. 1f\t%5. 1f\t%5. 1f\n", st. sno, st.
            name,st. sex,
        st. cname,st. sc. math,st. sc. english,st. sc. chinese);
        fread(&st,sizeof(Student),1,fp);/* 读出一条记录 */
    }
    fclose(fp);
    system("pause");      /* 暂停 */
}
int showmenu()      /* 显示菜单函数 */
{
    int choice;
    system("cls");
    printf("\t\t * * * * * * * * * * * * * * * * 主菜单 * * * * * *
        * * * * * * * * * * * \n");
```

```c
    printf("\t\t *                                    * \n");
    printf("\t\t *                1. 创建文件           * \n");
    printf("\t\t *                2. 显示信息           * \n");
    printf("\t\t *                0. 退    出           * \n");
    printf("\t\t *                                    * \n");
    printf("\t\t * * * * * * * * * * * * * * * * * * * * * * * * * *
    * * * * * * * * * * * * * * \n");
    printf("\t\t 请选择 0 或 2\n");
    scanf("%d",&choice);
    return choice;
}
int main()
{
    do
    {
        switch(showmenu())
        {
            case 1:
                input_data();
                break;
            case 2:
                output();
                break;
            default:
                exit(0);
        }
    }while(1);
}
```

4. 程序运行

(1) 主菜单运行结果,如图 11-1 所示。

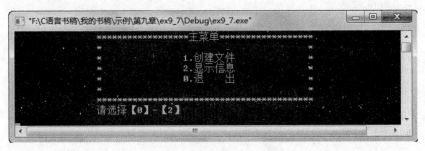

图 11-1   主菜单显示界面

（2）数据录入的运行结果，如图 11-2 所示。

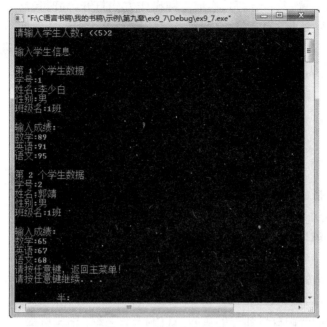

图 11-2 数据录入界面

（3）数据显示结果，如图 11-3 所示。

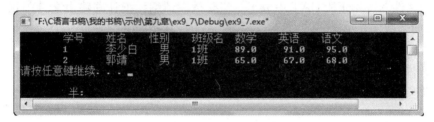

图 11-3 数据显示结果

本程序中用到的其他函数：

system 函数

格式：system(参数)

功能：执行系统操作。

当参数为"cls"时，执行清屏操作；当参数为"pause"时，执行暂停操作。

本 章 小 结

通过本章的学习，我们知道了如何编写程序进行文件操作。这里做一个小节，以便对本章的内容作总体的把握。

1. C 系统把文件当作一个"流"，按字节进行处理。

2. C 文件按编码方式分为二进制文件和 ASCII 文件。

3. C 语言中，用文件指针标识文件，当一个文件被打开时，可取得该文件指针。

4. 文件在读写之前必须打开,读写结束后必须关闭。

5. 文件可按只读、只写、读写、追加 4 种操作方式打开,同时还必须指定文件的类型是二进制文件还是文本文件。

6. 文件可按字节、字符串、数据块为单位读写,也可按指定的格式进行读写。

7. 文件内部的位置指针可指示当前的读写位置,移动该指针可以对文件实现随机读写。

习　　题

一、填空题

1. C 语言支持的文件存取方式有两种:_____ 和 _____。

2. 数据可以用 _____ 和 _____ 两种代码形式存放。

3. 文件的存取以 _____ 为单位,称为 _____ 文件。

4. 函数调用语句"fgets(buf,n,fp);"从 fp 指向的文件中读入 _____ 个字符放到 buf 字符数据中,函数值为 _____。

5. 系统的标准输入文件是指 _____。

6. 若要用 fopen 函数打开一个新的二进制文件,该文件要既能读也能写,则文件方式字符串是 _____。

二、编程题

1. 设文件 NUMBER. DAT 中放了一组整数。请编程统计并输出文件中正整数、零和负整数的个数。

2. 请编写程序实现文件的拷贝。即将文件拷贝到目的文件,两个文件名均由命令行给出,源文件名在前。

3. 设文件 STUDENT. DAT 中存放着学生的基本情况,这些情况由以下结构体来描述:

```
struct student
{
    long int num;          /*学号*/
    char name[10];         /*姓名*/
    int age;               /*年龄*/
    char sex;              /*性别*/
    char speciality[20];   /*专业*/
    char addr[40];         /*住址*/
};
```

请编写程序,向文件中输入 10 名学生的信息,然后输出学号在 20070105～20070108 之间的学生学号、姓名、年龄和性别。